智能人机交互中的语音词汇习得

孙　蒙　王艺敏　邹　霞　著

·南京·

内 容 简 介

本书以人类语言学习中的词汇习得为研究对象，以语音识别的弱监督学习为研究方法，介绍了特征-词袋模型、非负矩阵分解、隐马尔可夫模型等算法在语音词汇的无监督或半监督表示学习方面的应用，并在小词汇量英文数据集上展示了其优良的性能，为设计具备自主学习的人机交互系统提供了思路。

本书为从事语音识别、认知语言学等方向的研究者提供了参考，既可作为该方向研究生和科研工作者的参考读物，也适用于具有一定机器学习和信号处理知识基础的读者。

图书在版编目(CIP)数据

智能人机交互中的语音词汇习得 / 孙蒙，王艺敏，邹霞著. —南京：东南大学出版社，2020.9
ISBN 978-7-5641-9114-6

Ⅰ.①智… Ⅱ.①孙… ②王… ③邹… Ⅲ.①人-机系统-语言学习-研究 Ⅳ.①TP11 ②H09

中国版本图书馆 CIP 数据核字(2020)第 176774 号

智能人机交互中的语音词汇习得
Zhineng Renji Jiaohuzhong de Yuyin Cihui Xide

著　　者　孙　蒙　王艺敏　邹　霞
出版发行　东南大学出版社
出 版 人　江建中
社　　址　南京市四牌楼 2 号
邮　　编　210096

经　　销　全国各地新华书店
印　　刷　广东虎彩云印刷有限公司
开　　本　700 mm×1 000 mm　1/16
印　　张　10.25
字　　数　206 千字
版　　次　2020 年 9 月第 1 版
印　　次　2020 年 9 月第 1 次印刷
书　　号　ISBN 978-7-5641-9114-6
定　　价　48.00 元

(本社图书若有印装质量问题，请直接与营销部联系。电话：025-83791830)

前　　言

设计认知机器人的一个必备条件就是它需要具备像人类一样自主学习和交流的技能。而达到这个目标的第一步就是语言习得中的词汇习得。不同于现有的自动语音识别(Automatic Speech Recognition, ASR)系统,词汇习得并不能依赖于先验的语言知识。就像婴儿学习语言一样,习得的过程必须是由多层次的概念以及多模式的输入来驱动的。为了避免过于漫长的逐字教学过程,聪明的智能体应当能够从连续的语音中自主习得词汇。

本书的主题为基于受控非负矩阵分解法的连续语音中的词汇习得。受到被广泛研究的自动语音识别技术的启发,我们设计研发了多个计算模型,并将其运用于连续语音中的词汇发现和词汇表示。对于这些连续语音,计算模型几乎无需任何先验语言知识。

实验工作由非负矩阵分解(Nonnegative Matrix Factorization, NMF)方法开始,运用此方法进行词汇习得。此项工作的目的在于高效并精确地表示词汇,从而运用非负矩阵分解方法发现在语音数据中存在以特征包(Bag of Feature, BoF)形式出现的重复词汇。本书在以下三方面对此领域的前沿技术作如下改进:

(1) 使用软向量量化技术,用多个码本、整合多个时间尺度并使用多个语境相关点对基于非负矩阵分解方法的词汇发现及之后的自动语音识别技术作了精确度方面的提升。实验表明,获得的精确度接近用转录数据训练的隐马尔可夫模型(Hidden Markov Model, HMM)获得的精确度。但是，非负矩阵分解法的上述改进是以高度复杂的计算为代价的，并且需要足够的标记数据作为监督。这些问题在下面的第(2)和(3)条中得以改进。

(2) 非负矩阵分解方法并不限制词汇的特征包表示由实际数据序列产生。为了保持特征表示的时序性，本书工作对特征包进行限制。通过各类特征包中特征之间的图模型来使非负矩阵分解问题正则化。在这种情况下，"近似"指的是"时间接近"，即时域相邻的特征有更大可能性被置于同一特征包表示之中。此外，该方法也成功应用于图像处理中具有空间邻近度的特征包表示中。正则化能更好地指导非负矩阵分解法在时间域中检测出更真实的模式。该方法比语音、图像和文档数据集上相应的基线系统表现出更优越的性能。

(3) 矩阵分解法学习到的特征包词汇表示将声学特征直接映射到词汇级别激活概率上。因为标记示例的需求量减少了，利用非负矩阵三因子分解法(Nonnegative Matrix Tri-Factorization, NMTF)学习子字单元可提高词汇表示的精确度以及学习效率。所发现的子字单元经验证与隐马尔可夫模型状态存在密切的关系。因此，非负矩阵分解法和非负矩阵三因子分解法被整合到一个非负塔克分解(Nonnegative Tucker Decomposition, NTD)的过程中，用于隐马尔可夫模型的无监督学习。针对无监督序列模式发现提出了非负塔克分解和隐马尔可夫模型联合的训练技术。使用少量标记数据将获得的序列模式与真实的标签映射起来，该模型可作为语音识别工具使用。该方法比无监督期望最大化训练的隐马尔可夫模型和非负矩阵分解法模型具有更好的性能。

除了精确度和学习率的提高之外，在隐马尔可夫模型中实现词汇习得将大大简化对于习得的词汇表示的实际应用流程。与第(2)条改进一样，得到的无监督隐马尔可夫模型学习方法还可在语音处理之外的其他时间序列处理领域使用。

本书通过研究特征-词袋表示、非负矩阵分解、隐马尔可夫模型等算法及其改进，为在缺少序列标记的连续语音中的词汇模式挖掘和识别提供了方法，并验证了其效果。本书所讲述的方法还可用于弱监督学习条件下的其他序列模式识别问题中。

2020 年 4 月

缩　写

ACONRS	欧盟项目名称缩写:交流与识别技能的习得
AF	发音特征
ASR	自动语音识别
BoF	特征包
BW	鲍姆-韦尔奇算法
CDHMM	连续密度隐马尔可夫模型
DDHMM	离散密度隐马尔可夫模型
DFT	离散傅里叶变换
DTW	动态时间规整
EER	等差错率
EM	期望最大化
GMM	高斯混合模型
GNMF	图正则化非负矩阵分解
HAC	声音共现直方图
HMM	隐马尔可夫模型
KLD	相对熵
KLDHMM	基于相对熵的隐马尔可夫模型
L1GNMF	图正则化非负矩阵分解与 ℓ_1 归一化
MFCC	梅尔频率倒谱系数
MLE	最大似然估计
NMF	非负矩阵分解
NMTF	非负矩阵三因子分解
NTD	非负塔克分解
PCA	主成分分析

PLSA	概率潜在语义分析
SA	模拟退火算法
SCDHMM	半连续密度隐马尔可夫模型
SIFT	尺度不变特征变换
SVD	奇异值分解
SVM	支持向量机
UWER	无序误字率
VCV	元音-辅音-元音数据库
VQ	向量量化
WER	误字率

符 号 列 表

通用矩阵符号及操作

符号	含义
$\boldsymbol{A}$	矩阵
$\boldsymbol{A}_j$	矩阵 $\boldsymbol{A}$ 的第 j 列
$\boldsymbol{A}_{i,j}$	矩阵 $\boldsymbol{A}$ 中行索引为 i 而列索引为 j 的矩阵元素
$\boldsymbol{A}^{\mathrm{T}}$	矩阵 $\boldsymbol{A}$ 的转置矩阵
$\boldsymbol{A}^{(\mathrm{mark})}$	矩阵 $\boldsymbol{A}$ 的标志,表示不同信息流
$\otimes$	克罗内克积
$\odot$	按元素乘
$\oslash$	按元素除

有特殊含义的符号

符号	含义
$Blkdiag$	构建一个分块对角矩阵的操作
C_i	第 i 个码字
$\boldsymbol{G}$	基础关联矩阵
$\mathcal{G}_m$	第 m 个多元高斯分布
Γ	使邻接矩阵二进制化的阈值
$\boldsymbol{H}$	NMF 中包含模式权重的矩阵
$\boldsymbol{L}$	图拉普拉斯矩阵
λ	正则化参数
$\boldsymbol{\mu}_m$	高斯分布$\mathcal{G}_m$的均值向量
$\boldsymbol{O}_t$	t 帧时观测到的 MFCC+Δ+ΔΔ 向量
$\boldsymbol{Q}$	从无监督发现的模式到基础真值的映射矩阵
$\boldsymbol{\Sigma}_m$	高斯分布$\mathcal{G}_m$的协方差矩阵
τ	定义特征共现时步调帧的数量

$\boldsymbol{U}$	图的邻接矩阵
$\boldsymbol{V}$	NMF 中分解的数据矩阵
$\boldsymbol{W}$	其列表示特征包中的模式的矩阵
$\boldsymbol{X}_t$	观测向量 $\boldsymbol{O}_t$ 的高斯后验概率向量

HMM 符号

$\boldsymbol{A}$	DDHMM 的发射矩阵、CDHMM 的高斯权重矩阵、观测符号的关联矩阵以及 KLDHMM 中的隐状态
$\boldsymbol{O}^{(n)}$	数据中的第 n 个观测序列
$\boldsymbol{\pi}$	HMM 的初始状态分布
$\boldsymbol{Q}^{(n)}$	第 n 个观测序列对应的隐状态序列
S_k	第 k 个隐状态
$\boldsymbol{T}$	HMM 的状态转移矩阵

目 录

第1章　引　言

1.1　词汇习得

语言是人与人之间最自然、最方便的交流方式。然而，在语言交流方面，人机之间的交互仍有很大的改进空间。在如今的技术条件下，建立人机之间的交流需要事先了解**语言知识**和**交际语境**。语言相关知识包括音素及其声学实现、词汇及其在音素方面的实现，最后则是语法或单词在句子中的放置方式。这些细节涉及如何设计和监督整个训练的流程。除了通用的特定语言知识外，单词和句子在特定应用语境中也可能具有另一重含义。例如，如果你指示服务机器人"从冰箱中取出 Jupiler"（注：Jupiler 是一种比利时啤酒品牌），则"取出""Jupiler"和"冰箱"在你的家中具有特定含义。机器人对语音的理解和回应的能力实际上是基于特定计算机程序的，这些程序看起来很难适应新的环境。因此，认知机器人应具备自主学习语言的能力，即应具备**语言习得**能力。

1.1.1　语言习得中的词汇习得

婴儿在听到其看护者说出第一句交流话语后，就开始了学习一门语言的漫长旅程，但他们并没有事先掌握这门语言的语法、词汇或语音。突发主义理论认为，人类语言习得是一种认知过程，是由生物压力与环境的相互作用产生的。"这些理论的支持者认为，一般认知过程会影响语言习得，而这些过程的最终结果是一些语言的特定现象，如**词汇习得**和**语法归纳**"[1,69]。在上面的例子中，为了理解"从冰箱中取出 Jupiler"的命令，机器人应该首先获取词汇，"取"是一种去某个地方并带回东西的动作，"Jupiler"是一种啤酒，而"冰箱"是存放啤酒的地方。这种能力就是**词汇习得**能力。基于获取的词汇，机器人还应该理解单词赖以组织并表达特殊意义的规则或语法，即具备**语法归纳**能力。

受到人类语言习得的启发，文献[11,89,54,45,34,92]提出了用于词汇习得的计算模型。在这样的模型中，连接感官信号和有意义的语言符号（例如音素、单词、短语）的各种方法起着主导作用。具体一点，在命名事物及其相互关系的方面来说，**词汇**是语音的基本单位，因此语言习得的第一项任务是词汇习得。**词汇习得**也是**语法归纳**的基础。因此，尽管语言习得中有多个子方向值得深入研究，但我们首先选择**词汇习得**这个基础问题进行研究。

1.1.2 词汇习得的基础关联

想从语音中获取词汇，第一个重要步骤是发现声音中存在的线索。然而，这一步本身并不能完成词汇习得的任务。第二个重要步骤是为每一个发现的声音线索找到具体含义。在这个第二步中，机器将线索与其他输入方式联系起来，例如运用自带的视觉传感器或触觉传感器。此过程被称为**打造基础关联**[11,113,22,72]。基础关联可以建立在共同出现的频率[11,113,35]或两个事件的交叉熵上[89]。例如，每当机器人在看到一瓶带有特定标签的啤酒时听到声音“Jupiler”，就会加强声音与视觉对象之间的联系。将这个过程重复进行，直到声音与其意义相关联，机器人就能完全掌握“Jupiler”的含义。

上述基础关联的建立意味着我们需要其他形式的计算模型，如在图像中建立目标识别器或本体感受等。为简化模型并使本书专注于词语计算方面，我们将理想化目标识别器并给语音打上标签，例如使用非言语方式的符号。词汇标注和声学单词模型于是被标签联系起来。

1.1.3 为什么不直接使用语音识别器来进行词汇习得

在计算机科学中，从语音词汇到文本的转录过程被称为自动语音识别（ASR），而实现这一过程的程序称为自动语音识别器[52]。正如 1.1.2 节所解释的，词汇习得的过程实际上是通过建立模拟声音输入和其他形式之间的关联来赋予声音特定意义的。现在，借助一个训练有素的自动语音识别器，这些关联似乎能够通过声音输入的文本格式来获得。也就是说，机器人可以首先通过自动语音识别器将指令的语音信号转录到文本序列中，例如/fetch/-/a/-/Jupiler/-/from/-/the/-/fridge/，然后输出文本/Jupiler/会与出现在场景中的某一个瓶子相关联。当然，这需要在自动语音识别器中预先定义文本中的词“Jupiler”及其发音，否则识别器将无法转录这部分语音信号。通常，为了建立自动语音识别系统，需要事先给出音素集、词汇表和语法规则，并且也应给出足够数量的训练语音及其相应的转录（单词序列）。在这样的条件下，最先进的自动语音识别系统已经取得了令人相当满意的结果[125]。人们也在文献[22,72,92]中对基于自动语音识别的词义学习模型进行了研究。

自动语音识别或许有助于词义的学习，但它本身并不适用于词汇习得。这两个问题的目的不同，语音识别是识别预先定义的词汇，而词汇习得是学习新的基础词汇。在词汇习得中，数据中所包含的词汇预先不可用，连续语音中的词语边界也未知，其中唯一可用的信息可能是**一条以静音（或非语音）开始并结束的语句**。其中可能会有大量的训练数据，但带有文字标签的部分会很少。此外，有时作为监督的基础关联信息可能只发生在用其他方式检测到的事件引起的语言层面的标签上，比如视频输入[89]或作为视觉对象检测简化的词标签[108]。

然而，自动语音识别可以为词汇习得服务。鉴于自动语音识别在过去几十年中取得的成功，自动语音识别中的发音特征、统计模型和学习架构仍然可以在词汇习得中得到修改和使用，这将在1.2节和1.3节中进行介绍。将词汇习得作为一个增量过程，自动语音识别将是在机器人获得几个单词后发生的一个内部阶段。也就是说，智能体会首先获取一些单词，然后进行语音识别来优化获取的单词并检测和学习新的单词。

另一方面，语音识别研究也可以从词汇习得中受益。例如，在"从冰箱中取出Jupiler"的命令中，"Jupiler"可能不在你向朋友借用的机器人的字典中，假如你那位朋友更偏爱"Stella"的话。因此，机器人应该从涉及"Jupiler"的对话中学习"Jupiler"一词。对于传统的自动语音识别系统，新模型必须用足够的转录数据进行训练以覆盖词汇表外的单词，这需要人工干预来生成手动标签[83,129,108,56]，有时也很难知道正确的转录标签。这种困难在分析资源贫乏的语言或方言中的语音方面更为突出[130]。借助词汇习得技巧，一些转录语音片段足以帮助机器人获取新单词。此外，词汇习得也可用于分析未转录的数据库以补充转录的语料库[58,61,71]。

1.1.4　我们的研究重点：词汇习得的特征表达

打造基础关联的过程本身值得仔细研究，以实现成功的词义学习。然而，每种模式(例如音频或视频)中的输入信号的表示提供了构造基础关联的基本信息。因此，本书的重点是通过研究语音表示方法来设计词汇习得的计算模型。学习词汇的声学表示的基础是词标签。这些标签可以被视觉等其他形式的输入代替，因此这些标签在文献[11,113]中被称为"伪视觉输入"。无可否认，这种象征性的表现可能不足以代表语言中的所有含义。举例来说，模糊含义的语音可能需要更精细的表示。另外，我们不会处理**词序**建模，比如去学习出现获取单词的句子的语法。我们的研究仅限于获取和接受几十个单词，在这种情况下，离散的语句级别标签足以表示意义。

在弱/无监督的情况下，语音表示学习的动机可分为4种。首先，它可以作为基本模型来模拟婴儿的语言习得：婴儿从连续语音中获得语音单元，并且这些单元可以与多模态观测关联起来。其次，当一个人想要运用自然语言和机器人交流并给它们分配任务时，会产生类似的学习问题。这些指令都必然包含特定语境下的词汇，而这些词汇需要机器人从与人类的互动中学习。再次，无监督学习不需要语音转录，所以可以避免使用大量人力来生成手动标签。最后，无监督的词汇习得可以用于词汇集外单词的建模以及如1.1.3节中讨论的对资源贫乏的语言或方言中的语音的分析。

从更一般的意义上来讲，本书所研究的基本问题是序列数据分析，涉及的任务是发现序列模式、聚类、分类和分割序列。因此，对序列数据表示方法的研究将作为处理任何序列数据的一般工具，而不仅仅局限于语音。例如，从文本文档中挖掘主题、从图像中发现视觉对象、从DNA序列中找到基因以及对文档进行无监督的词性标注等。

1.1.5 相关领域

1) 数据挖掘

词汇习得的目的，比如从语音中发现单词，与旨在从语音数据中发现知识的语音数据库的数据挖掘相似。它们都涉及数据预处理、建模、优化和对于找到的结构的后续处理。因此，数据挖掘中使用的一些技术可以应用于词汇采集。与一般数据挖掘技术相比，我们应用于词汇习得的方法更倾向于**基于内容**和**概率型**的语音表达；而传统的语音信号数据挖掘方法不一定这么做。

2) 基于内容的表达

基于内容的表达是指存储与单词相关的特征，这些特征不仅仅用于区分一段声音的区分性特征。例如，在数据挖掘中提取音频指纹时，可以选择平均过零率、节奏估计、平均频谱、频谱平坦度、频带组间的突出音调来识别音频文件[16]。然而，它们不适用于词汇习得，因为它们的时间分辨率不足以区分一条语音中的不同词汇的内容。

3) 非负概率表达

非负性的性质来源于神经网络的两个特点：神经元的放电率不能出现负数，突触强度不会改变信号符号。非负性已被证明在从数据中获得基于部分的表达方面是有用的[64]。

此外，足够的先验语言知识(例如音素栅格)或语音识别器可以应用于对语音的数据挖掘[109]，但不适用于对人类词汇习得的计算模拟。

4) 机器学习

词汇习得的最终应用导向目标是教授机器人新的语音词汇以便其进一步学习语言。因此词汇习得本质上是一个机器学习的过程。

(1) 弱监督或无监督意味着它可以分为**弱监督学习**[28]或**无监督学习**[38,112,42]两类。

(2) 获得的语音词汇应与其他形式相关。因此它是**多模式学习**，比如文本和图像输入等的联合训练[4,126]。

（3）在与（弱）监督信息联合训练之前，该模型可以在无监督的情况下生成分层单元，以反映语音数据的内在结构，从而为下一步监督学习做准备以加快学习速度。这种分层学习架构与**深度学习**有关[46,6,127]。

（4）考虑到预定义的单词，自动语音识别是一种序列模式识别。与自动语音识别或其他模式识别任务不同，词汇习得中没有预定义的模式，因此该方法必须在识别模式之前发现模式。模式发现和识别的过程可以以迭代方式进行：发现语音模式→序列模式识别→与多模态标注交互→更新语音模式→序列模式识别→……

除了上述研究领域之外，词汇习得在前端时频特征提取中也与**信号处理**运用同样的技术。例如，盲源分离可以应用于识别不同的说话者以及他们随着时间变化的声音活动等。

此外，高级词汇习得将涉及**语言模型**，用于解释发现的语音模式。获得足够数量的单词后，机器人将能够从中学习单词的组织规则或语法。机器人也可学习复杂的多模式信息，例如动作。

总之，词汇习得是利用自动语音识别、数据挖掘、机器学习和信号处理等技术找到有意义的语音模式。

1.2　语音处理中的预备知识

在讨论相关工作之前，我们将首先描述常用音频特征的提取以及当前常用的隐马尔可夫模型框架。

1.2.1　梅尔频率倒谱系数

在自动语音识别系统中最常用的语音信号的短时表示是梅尔频率倒谱系数（Mel-Frequency Cepstral Coefficient，MFCC）。图1.1描述了用于提取MFCC的流程，其中各模块对应于以下操作。

在对时域波形进行采样之后，语音信号x_t被预加重滤波器处理，将高频增益增加6 dB倍以克服录音过程中高频的损失。在16 kHz的采样频率下，滤波器$H(z)=1-0.97z^{-1}$比较合适，如式（1.1）所示。这抵消了这些频率处由于浊音语音中的声门源而导致的衰减效应，并且会使平均语音频谱大致平坦。

$$x_t \leftarrow x_t - 0.97x_{t-1} \tag{1.1}$$

随后，语音信号被分割成重叠帧以捕捉其随时间而变化的特性。窗口长度（后文简称“窗长”）通常选择在20～30 ms，在此期间，语音被假定为准平稳的。10 ms帧移位（后文简称“帧移”）在现有自动语音识别系统中被广泛采用，在本书中亦然。假设一帧中的

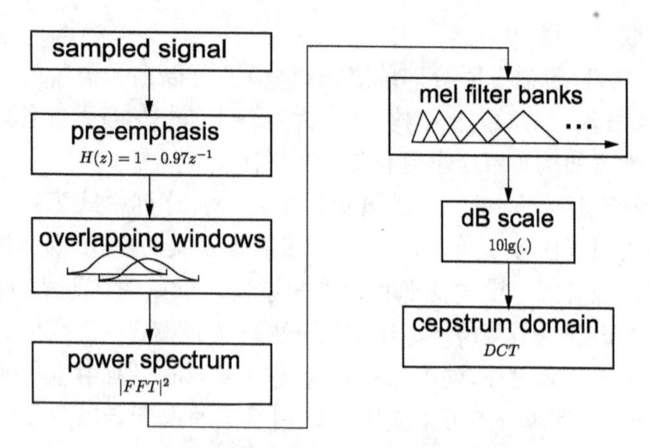

图 1.1　输入语音由来自其时域波形的样本组成

利用重叠窗口将语音切换为帧。随后按照图中的块来处理每一帧，以产生其倒谱系数。

离散样本为$\{x_t\}_{t=1}^{T}$，施加窗口函数$\left[\text{例如，汉明窗 } w_t=0.54-0.46\cos\left(\frac{t-1}{T}\right)\right]$，以减少边框边界造成的异常，如下所示：

$$x_t \leftarrow w_t x_t \tag{1.2}$$

通过取其离散傅里叶变换(Discrete Fourier Transform, DFT)的平方模数来计算短时功率谱或谱图，如下所示：

$$|X_k|^2 = \left|\sum_{t=1}^{T} x_t \mathrm{e}^{-\mathrm{i}2\pi\frac{t-1}{N}k}\right|^2 \tag{1.3}$$

其中，N 是 DFT 频率的数量，通常是 2 的幂。

将梅尔频率滤波器组应用于功率谱以反映人类听觉系统的特性。人耳的频率分辨率在低频区域中以近似线性的形式存在，但在高频区域中呈现出对数特性，如下所示：

$$m=2\ 595\lg\left(1+\frac{f}{700}\right) \tag{1.4}$$

其中，f 为频率，单位为 Hz；m 是相应的梅尔频率。为了对该特性建模，一般应用一组三角幅度响应来沿频率轴计算能量分布范围。为了获得滤波器组，首先将梅尔标度分成 D 个等间隔的分组。每个分组都有一个中心梅尔频率 $m_d=\frac{d}{D+1}M_S$，$d=1,\cdots,D$，其中 $M_S=2\ 595\lg\left(1+\frac{F_S/2}{700}\right)$ 且 F_S 为采样频率。相对应的中心频率为 $f_d=700(10^{m_d/2\ 595}-1)$。因此，第 d 个梅尔滤波器构建如下：

$$g(f)=\begin{cases}\dfrac{f-f_{d-1}}{f_d-f_{d-1}}, & f_{d-1}\leqslant f\leqslant f_d\\ \dfrac{f_{d+1}-f}{f_{d+1}-f_d}, & f_d<f\leqslant f_{d+1}\\ 0, & \text{其他}\end{cases} \tag{1.5}$$

其中，$f_0=0$ 且 $f_{D+1}=F_S/2$。因此，$g(f)$的离散形式如下：

$$g_k=g\left(\frac{k}{N}F_S\right) \tag{1.6}$$

对每个滤波器组取能量包络以获得 D 个梅尔频率倒谱系数，如下所示：

$$S_d=\sum_{k=1}^{T/2}g_k(X_k)^2 \tag{1.7}$$

采用对数功率谱来压缩梅尔谱的尺度：

$$\log S_d=10\lg(S_d) \tag{1.8}$$

随后，对数功率谱通过离散余弦变换(DCT)去相关：

$$y_s=\sum_{d=1}^{D}\log S_d\cos\left(2\pi s\frac{d-1}{D}\right) \tag{1.9}$$

其中，$s=0,\cdots,S-1$。

因此，帧 x_t最终被转换为它的 MFCC 向量 $\boldsymbol{y}_t$。为了反映语音的动态特性，除了静态 MFCC 向量 $\boldsymbol{y}_t$外，还计算了速度(Δ)和加速度(ΔΔ)向量并组合形成每帧的复合表示形式 MFCC+Δ+ΔΔ，称为观测向量 $\boldsymbol{O}_t$，如下所示：

$$\begin{aligned}\Delta\boldsymbol{y}_t&=\frac{1}{2\sum_{\theta=1}^{\Theta}\theta^2}\sum_{\theta=1}^{\Theta}\theta(\boldsymbol{y}_{t+\theta}-\boldsymbol{y}_{t-\theta})\\ \Delta\Delta\boldsymbol{y}_t&=\frac{1}{2\sum_{\theta=1}^{\Theta}\theta^2}\sum_{\theta=1}^{\Theta}\theta(\Delta\boldsymbol{y}_{t+\theta}-\Delta\boldsymbol{y}_{t-\theta})\end{aligned} \tag{1.10}$$

1.2.2　隐马尔可夫模型

隐马尔可夫模型(HMM)通常被选择用来描述一个语音单元(例如一个音素或单词)，并作为一个具有类似声学特性部件的序列，这些部件被称为模型中的状态。HMM 是一种图形化的模型，它在遵循一阶马尔可夫假设的情况下生成一个观察向量序列，即在时间 t 处于状态 q_t的概率只取决于 $t-1$ 的状态 q_{t-1}。两种状

态之间的转移概率由 $Pr(q_t|q_{t-1})$ 给出。

时间-频率观测向量 $\boldsymbol{O}_t$ 是由一个独立于转移过程的随机发射过程产生的，它只取决于当前的状态 q_t，即完全由 $f(\boldsymbol{O}_t|q_t)$（称为发射分布）进行描述。“隐藏”一词指的是，潜在的状态一般不能由观测向量直接决定。在离散密度隐马尔可夫模型(Discrete Density Hidden Markov Model, DDHMM)中，观测向量首先被量化到观测符号中，而 $f(\boldsymbol{O}_t|q_t)$ 是在观测符号集合上的离散分布。在连续密度隐马尔可夫模型(Continuous Density Hidden Markov Model, CDHMM)中，$f(\boldsymbol{O}_t|q_t)$ 是一个以观测向量为随机变量的多元概率分布。图 1.2 和图 1.3 中显示了具有从左向右拓扑结构的 HMM 及其发射密度函数和状态转移概率的例子，其中图 1.2 为离散密度隐马尔可夫模型，图 1.3 为连续密度隐马尔可夫模型。

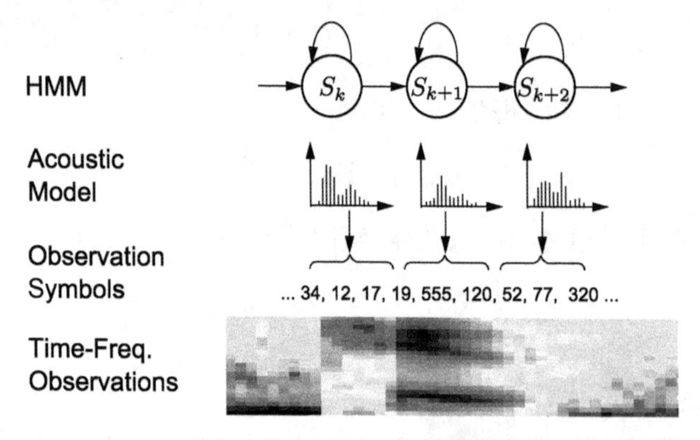

图 1.2 具有从左向右拓扑结构的三状态离散密度隐马尔可夫模型

一个隐状态由一组预先训练的离散符号的多项分布来建模。语音各帧的 MFCC 通过向量量化为观测符号序列，随后计算每一帧的隐状态用于 HMM 训练和解码。

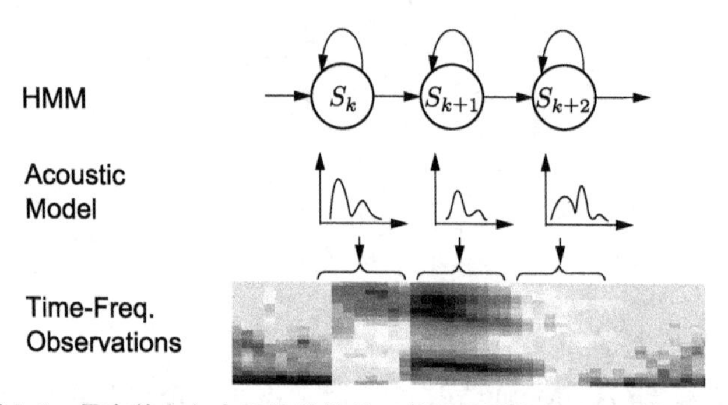

图 1.3 具有从左向右拓扑结构的三状态连续密度隐马尔可夫模型

一个隐状态由一个多元分布来建模。观测向量是 MFCC+Δ+ΔΔ 向量，随后计算每一帧的隐状态用于 HMM 训练和解码。

给定隐马尔可夫模型$\boldsymbol{\Lambda}$后，观测序列$\boldsymbol{O}=\{\boldsymbol{O}_t\}_{t=1}^{T}$的条件概率为

$$Pr(\boldsymbol{O}|\boldsymbol{\Lambda}) = \sum_{q_1,\cdots,q_T} Pr(q_1)f(\boldsymbol{O}_1|q_1)\prod_{t=2}^{T} Pr(q_t|q_{t-1})f(\boldsymbol{O}_t|q_t) \tag{1.11}$$

其中，$\boldsymbol{O}_t$为观测向量MFCC+Δ+ΔΔ，$\{q_t\}_{t=1}^{T}$为任一假定的状态序列。

可通过高斯混合模型（Gaussian Mixture Model，GMM）来构建对状态S_k的发射分布函数$f(\boldsymbol{O}_t|S_k)$，其分布函数是多个高斯分布的加权和。当所有隐状态共享相同的高斯分布集$\{\mathcal{G}_1,\cdots,\mathcal{G}_M\}$时，发射分布函数为

$$f(\boldsymbol{O}_t|S_k) = \sum_{m=1}^{M}\omega_{m,k}Pr(\boldsymbol{O}_t;\mathcal{G}_m) \tag{1.12}$$

其中，$\omega_{m,k}$是高斯分布$\mathcal{G}_m$的权重，约束条件$\sum_{m=1}^{M}\omega_{m,k}=1$和$Pr(\boldsymbol{O}_t;\mathcal{G}_m)$是观测向量$\boldsymbol{O}_t$在高斯分布$\mathcal{G}_m$上的概率，即

$$Pr(\boldsymbol{O}_t;\mathcal{G}_m) = \frac{1}{\sqrt{(2\pi)^D\prod_d\sigma_{d,m}^2}}\exp\left[-\sum_d\frac{(\boldsymbol{O}_{d,t}-\mu_{d,m})^2}{2\sigma_{d,m}^2}\right] \tag{1.13}$$

高斯分布的协方差矩阵通常是对角的，这将大幅减少未知参数的数量。在梅尔频率倒谱系数的提取过程中，DCT去相关确保了各MFCC元素间的近似独立性，所以高斯分布采用对角协方差矩阵不会造成严重的偏差。高斯混合模型中的各高斯分量被HMM的所有隐状态所共享，这种形式的HMM称为半连续密度隐马尔可夫模型（SCDHMM）。

在高斯分布被绑定到某个隐状态的情况下，发射概率为

$$f(\boldsymbol{O}_t|S_k) = \sum_{m=1}^{M_k}\omega_{m,k}Pr(\boldsymbol{O}_t;\mathcal{G}_{m,k}) \tag{1.14}$$

其中，和状态S_k绑定的高斯分布集为$\{\mathcal{G}_{m,k},m=1,\cdots,M_k\}$，而$\omega_{m,k}$为高斯分布$\mathcal{G}_{m,k}$的权重且$\sum_{m=1}^{M_k}\omega_{m,k}=1$和$Pr(\boldsymbol{O}_t;\mathcal{G}_{m,k})$为高斯分布$\mathcal{G}_{m,k}$上观测向量$\boldsymbol{O}_t$的概率，如公式（1.14）所示。这种形式的HMM被称为连续密度隐马尔可夫模型（CDHMM）。

1.3　词汇习得方法

我们通过文中所提模型的结构将相关的工作划分为不同的组别。

1.3.1　重复出现语音段的挖掘和聚类

在语谱图中，对于同一个词的不同语音表达应该有相似的时间频率结构。从

语谱图中计算出的梅尔频率倒谱系数向量通常被认为是语音的基本表示形式。因此，通过比较这些语音的梅尔频率倒谱系数序列，可以发现重复出现的单词模式，并且其模式是由一个梅尔频率倒谱系数向量的序列来建模的。然而，同一语音的不同次发音的速度有快有慢。出于这个目的，动态时间规整(Dynamic Time Warping, DTW)是一个合适的选择。

DTW是语音处理中的著名技术，它可以在特定的限制条件下，在两个给定的(时间依赖的)序列之间找到最佳的对齐方式。直觉上，这些序列是以一种非线性的方式进行规整以匹配彼此的帧[91]。图1.4显示了距离矩阵和两条语音的对齐。两条语音的内容都是英文数字“one”，但是来自不同的说话者。由于语音的时间变化，“one”的两个版本在图中分别有不同的帧数，分别为86和94。为了应用DTW，首先需要计算一条语音的帧和另一条语音的帧之间的欧几里得距离，从而构建一个大小为86×94的距离矩阵，其中每一帧都用其MFCC＋Δ＋ΔΔ表示。距离矩阵如图1.4所示，距离越大，颜色越深。连接点(0,0)和点(86,94)的粗曲线是具有最低成本的对齐路径。

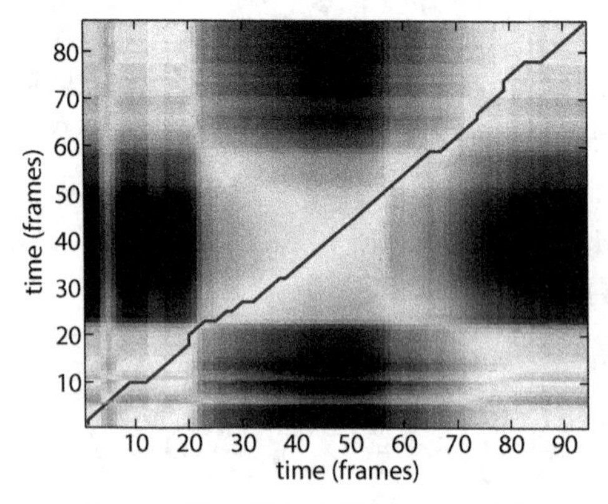

图1.4 两条语音之间的DTW对齐

每一条语音都只包含一个英文数字“one”。图中显示了两条语音的特征向量的局部相似性矩阵(浅灰度＝较好的匹配，深灰度＝较差的匹配)。对角线附近的实线显示了这两段语音之间的最优对齐。

基于DTW提出了几种提取语音片段的方法，如文献[35]中的DP-ngram以及文献[83]和[129]中的分段式动态时间规整。提取的片段与基础真值(ground truth)关联或聚集在一起以进行进一步的解释。这些方法可以在无监督的情况下对语音进行分析，一些提取的重复片段显示了与语料库词汇表中的词之间有意义的联系。由于DTW倾向于匹配短段，所以这些方法中的一个关键参数是一个有意义片段具有的最小持续时间。一般来说，很难找到一个较好的参数来同时表示短词和长词。从已发表的文献来看，这个最小持续时间需要特别对待、精心选择。DTW的另一个问题是它的高计算复杂度，这不仅来自于DTW本身，更来自于问题的组合优化性质，即在语音片段之间进行充分的两两比较是提取重复出现模式所必须进行的。

1.3.2 使用音素识别器

文献[89]提出了一种名为“跨通道早期词汇习得”的计算模型，该模型用于从未标注的声音输入和视频输入中习得单词。跨通道意味着从不同的传感器(在这个模型中为听觉和视觉)中获得的输入被集成到一个信息处理框架中。

习得的词是通过听觉和视觉感官体验之间的联系来表示的。该系统采用了一个递归神经网络在带有手动标记的音素片段的数据库中预先训练英语音素。有了音素识别器，口语的语音就可以表示为音素概率数组，如图1.5所示。与此同时，可视化输入也被表示为一些预定义的格式。利用听觉和视觉表示之间的相互熵来构建视听相关联的词义。

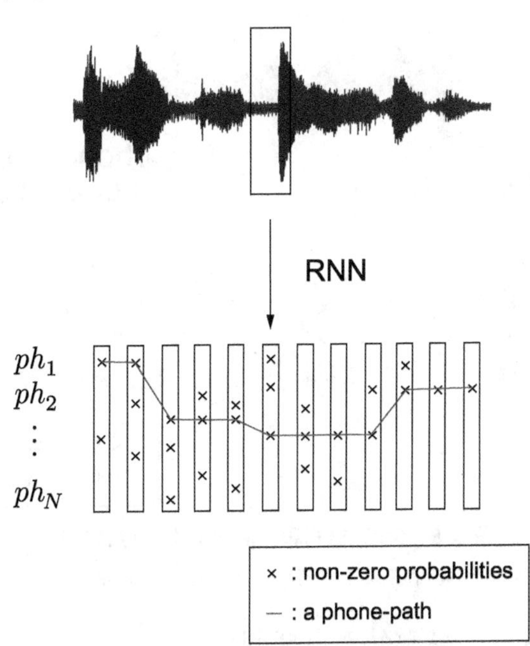

图1.5 文献[89]中的语音表示

每一帧都是由预训练音素的后验概率来表示的。词汇表是基于音素数组表示的语音获得的。

该方法通过使用音素识别器而不是单词识别器来概括单词意义习得的研究。因此，该方法假定机器人已经获得了一种语言的语音知识(音素级)，而这种假设在婴儿学习语言的过程中似乎并不完全成立。此外，尽管通过音素集可以生成和获得新的词汇，但带有这种假设的方法仍未能消除语言依赖的缺点。

1.3.3 隐变量模型

在信息检索研究中，对字库表示文档、主题模型和概率潜在语义分析（Probabilistic Latent Semantic Analysis, PLSA）的研究取得了巨大的成功，在此基础上，文献[113]提出了一种新的语音表示方式。在长度可变的分析窗口中，通过对声学事件的关联分析来描述一条语音，如图 1.6 所示。声学事件是特定模式的出现，如文献[75]中的向量量化（VQ）语谱（图 1.6 中的 VQ_i）和文献[98]中的音素（图 1.6 中的 ph_i）。随后，一个语音的共现事件被累积，从而产生了一个固定的高维向量表示，被称为声音共现直方图（Histogram of Acoustic Co-occurrences, HAC）。HAC 是特征包（BoF）的一种形式，在本书中用作语音及词汇表示的基线，将在第 2 章进行详细描述。在训练时，通过非负矩阵分解（NMF）来发现反复出现的声学模式并与词汇相关联。在测试时，通过 HAC 表示计算词汇激活概率，并估计词汇的重复次数。因此，可以发现、标记和定位连续语音中的词汇。

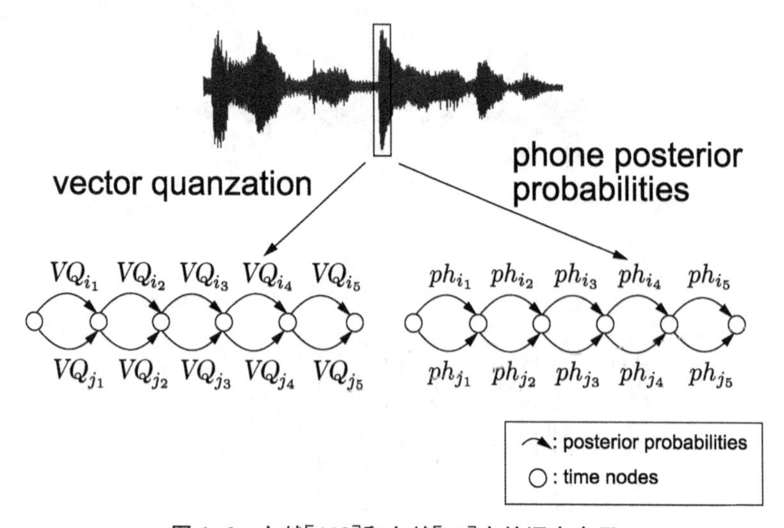

图 1.6 文献[113]和文献[98]中的语音表示

利用声音事件（VQ 标签或音素特性）的有向弧来表示语音的动态特征。

1.3.4 隐马尔可夫模型的无监督训练

连续密度隐马尔可夫模型（CDHMM）几十年来一直是语音识别的标准模型，高斯混合模型（GMM）则主要被用作隐状态的声学特征的分布函数。HMM 的从左向右配置描述了语音的动态特性，因此连续密度隐马尔可夫模型的无监督训练是词汇习得建模的天然选择。

第一个要研究的问题是连续密度隐马尔可夫模型的拓扑结构。文献[70]中构建了一个动态隐马尔可夫网络用于无监督在线自适应习得语音模式，如图 1.7 所示，该网络包含以多元高斯函数为模型的隐状态。在训练期间，通过添加新的状态和状态间的转移来检测以及习得新的未知模式。为了避免网络容量的爆炸式增长，很少访问的伪状态和转移将逐渐被移除。因此，图1.7中的网络结构可以发生缓慢的变化。在一个孤立的、小词汇量的数据库上进行的实验表明，该模型能够进行在线习得和识别。这个训练模型成功地运用了一些隐状态来覆盖整个训练数据，但是目前还不清楚习得的隐状态是如何与语音词汇联系起来的。

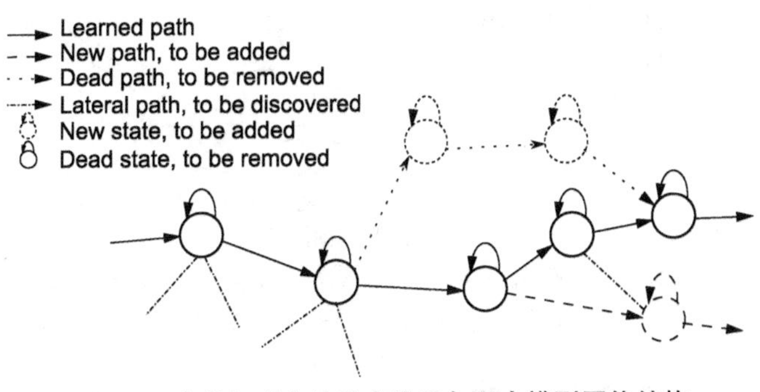

图1.7　文献[70]中的动态隐马尔可夫模型网络结构

在训练过程中，可以添加和移除隐状态及其转移。

在文献[54]中，一个低阶的HMM被用于构建一个包含三个状态的语音单元，并允许其进行从左到右的状态转移。20个短语音单元的HMM相互连接，构造成一个整体的HMM来对全部数据进行建模。在这些数据中，允许从最后一个状态到第一个状态的转移，如图1.8所示。所有的参数都是通过语音数据来学习的，其长度大约为一分钟，且没有任何人工标注。在学习完整体的HMM之后，它所包含的较短的HMM通过删除它们之间的边界进行分离，从而构造一组新的短HMM。之后，每个语音词汇都可以通过连接这些短HMM来表示。很明显，从最后一步开始，这种方法需要有足够多的**孤立语音词汇**例子来构建单词级HMM。

文献[12]中提出了一个无监督音素习得的分层框架。首先，为了提供足够多的训练样本，积累时长为几分钟的语音作为输入。用k均值方法估计了单个状态的HMM，它混合了8个高斯分量作为发射概率函数(图1.9中的第一幅图)。因此，在不同的单状态HMM之间的转换矩阵是估计出来的，参见图1.9中的第二幅图。为了获得最初的音素模型，采用了由这些转移概率控制的蒙特卡洛抽样法，结果给出了最频繁状态序列。最频繁的状态序列n通过巴基拓扑被连接到3个状态的音素模型中(见图1.9中的第三幅图)。这些最初的音素模型通过鲍姆-韦尔奇训练做了进一步的改进。该方法采用自底向上的方法，并以一种无监督的方式习得音素模型。需要指出的是，用于确定**最频繁状态序列**和**频繁状态路径**中的参数的计算复杂度较高。

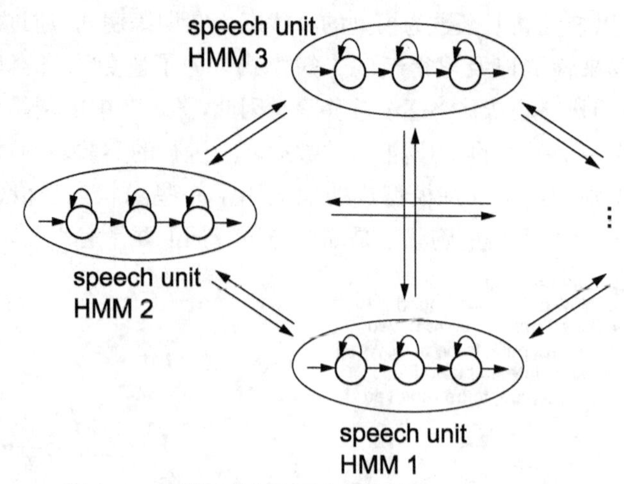

图 1.8　文献[54]中的语音单元的隐马尔可夫模型

它与自动语音识别系统有相似的配置，但是只有三个状态，并且可实施无监督训练。

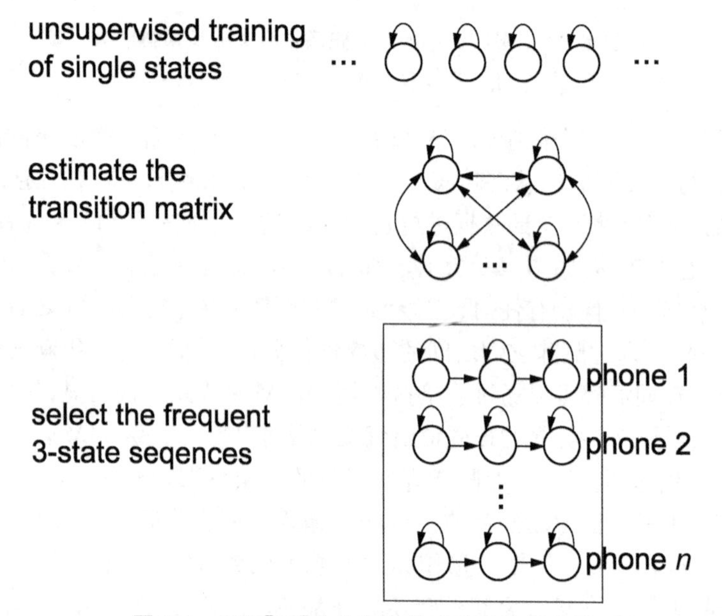

图 1.9　文献[12]中的音素单元的无监督习得

一组隐状态在不考虑其转移的情况下首先被训练出来，然后通过引导训练数据来估计转移概率，再通过寻找频繁状态路径，最终获得音素模型。

从上面的描述中可以看出，在习得隐状态和获取音素模型的过程中，HMM 训练是无监督的，没有使用关于数据内容的人工标记信息。基于所获得的隐状态和音素模型，利用相应的词标签进行迭代训练，以构建词汇模型。其他的关联也可以用来监督机器人的学习过程来对单词建模。根据 1.1.1 节所述的词汇习得的任务，带有标签的语句数量或带有其他基础关联信息的语句数量是很小的，这与在 1.1.3 节中讨论的需要大量标记数据的语音识别器的训练方式不同。因此，训练 HMM 用于词汇习得的问题，要么是**带少量标记数据的监督学习过程**，要么是**无监督学习过程**。如果有大量未知参数需要估计，比如带有大量高斯分量的多个高斯混合模型，那么训练将会变得非常困难。换句话说，对于带少量标记数据的监督学习，该学习过程可能过度拟合训练数据，而不能很好地推广到未标记测试数据中。对于无监督训练，由于缺乏监督信息和问题的非凸性，训练将产生与无意义模式相对应的较差的局部最优解。

文献[3]中提出了一种增量式词汇习得系统用于处理少量的训练数据样本，其流程如图 1.10 所示。对于在隐马尔可夫模型中训练高斯混合模型，从数据样本中估计高斯分布的均值和方差。仅从几个训练样本中得出的估计可能无法准确描述潜在的真实分布。通常观察到估计方差在每次训练迭代中呈减少趋势。[39]引入方差下限可避免每次迭代中方差的减少。为了对参数进行重新估计，采用了仅需较少训练数据的边缘鉴别式训练来提高模型的泛化能力。该方法为单词习得提供了一个增量框架，即有限的训练数据也能产生良好的泛化能力。然而，这种方法目前只适用于单个单词输入的训练，而非从连续的语音数据中直接挖掘出词汇。

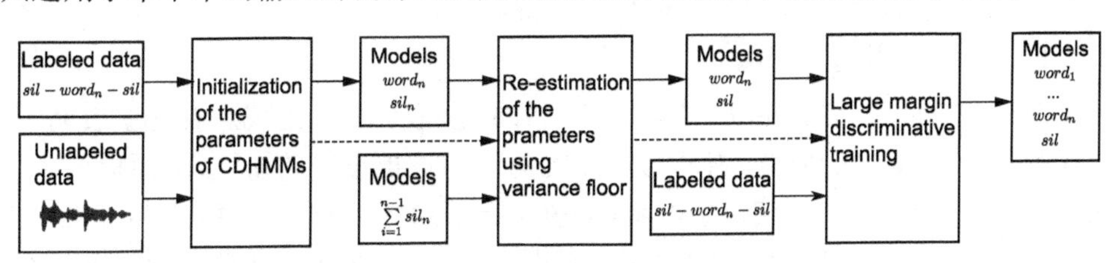

图 1.10　文献[3]中提出的增量式词汇习得模型

所有标记和未标记的数据均用于初始化连续密度隐马尔可夫模型。这些参数通过训练数据重新估计，并且判断和执行一个方差下限以避免方差过小导致溢出错误。最后，利用边缘鉴别式训练来提高识别性能。

1.4　目标与动机

前面提到的模型都具有各自的优势和劣势。词汇习得的理想模型应该建立在基本的语言表达上，逐层提取出语音模式，并通过人类语言知识来解释习得的模式。在本书中，我们研究如何利用这些特性来设计词汇的计算模型，即从连续的语音中以数据驱动的方式习得并产生一个分层模型。

1.4.1 目标1:从连续语音中习得

对于一个程序员来说,通过重复对每一个特定的单词编程来教授一个机器人词汇是一件令人筋疲力尽的事情。一种更自然的方式是,机器人接收连续语音,自动进行分析,从而获得新的词汇模式并更新之前存储的词汇模式。

有人可能会说,在工程实际中,词汇习得之前可以生成包含词汇的语音片段。实际上,语音分割和词汇习得是耦合的,两者应该一起习得。词汇习得不能依赖于语音片段,因为在学会这些词之前我们并不知道它们在连续语音中的边界。

1.4.2 目标2:数据驱动模型

数据驱动建模基于对所研究系统的数据分析。与知识驱动模型不同的是,数据驱动模型可以基于系统状态变量(输入、内部和输出变量)之间的连接来定义,并且只对系统的物理行为进行有限数量的假设。因此,用于词汇习得的数据驱动模型不会对语音进行过多的假设,如使用的语言、语法和词汇边界等。该属性对应于看护人与孩子或机器人的自然交流过程。人类习得语音词汇,却没有被告知各个词语之间的分割界限和每个词语所包含的音素单元。然而,这并不意味着没有额外的信息可以应用到数据驱动模型中。所有语言的公共属性,如具有不同粒度的分层结构,仍然可以应用到该模型中,这将在下一节中详细解释。除此之外,另外两个假设对于数据驱动模型的训练也有一定效果。

1) 目标2.1:重复模式

在日常对话中,语音单元(音素、音节和词语)总是重复出现。有证据表明,一个8个月大的孩子已经有能力从与大人的对话中找出重复的模式,从而提取出新的单词。直观地说,为了获得学习者(如孩子、机器)的注意,一个模式要么需要重复多次,要么需要与其他突出的输入一起出现。因此,在无监督训练中,“重复”是语言习得的基本要求。

2) 目标2.2:语音表示的拓扑结构

语音在短时间内显示出稳定的频谱特性。语音感知是一个多时间分辨率过程,知觉分析在至少两个时间尺度上同时发生(20～80 ms 和 150～300 ms),分别与音素和音节相匹配。[86]此外,语音中短暂的部分(辅音)则发生在更短的时间尺度上。因此,语音包含了多个时间尺度上的信息。相较于在语音中选取固定长度的窗口来分析,时变的或多尺度的分析窗口更适合反映语音中的时间频率结构。

语音是一种时间序列,因此语音单元的模型应该沿着时间轴具有**从左到右**的结构,这也可以从 ASR 中一般采用从左到右的 HMM 对训练数据建模来验证。

1.4.3 目标3:具有可重用单元的分层架构

在词汇习得的计算方法中,我们首先从语音中习得一些词汇,然后将这些词分解成更细的子字(sub-word)单元。在习得过程中,没有具体形式的子字单元,如语境相关的和语境无关的音素模型,在 ASR 中由不同的词所共享。子字单元依赖于模型从数据中发现的内容,同时尊重数据的底层结构。

从单词中发现的子字单元对于习得新单词的作用十分显著。例如,假如机器已经习得 4 个英语单词:“four”“five”“six”和“seven”。现在,我们需要习得一个新词:“sive”。如果没有子字单元可用,那么模型必须从它的低层声学级别表示中习得“sive”一词。然而,如果模型已经从“six”“seven”以及其他包含“s”的词中提取了音素单元“s”,或是通过对比“five”和“four”以及其他包含“f”的词,从“five”中提取出了音素单元“i”-“ve”,那么新词的习得就可以基于类似的音素单元,这毫无疑问会带来更快的习得速度。然而,与使用人类定义的音素标签进行监督的音素习得不同,在无监督的情况下发现的子字单元可能并不完全对应于音素标签,而其他的解释也是可能的。只要子字单元能够准确表达语音词汇,它就是有价值的。

1.5 本书结构

在自动语音识别技术被广泛研究的启发下,我们设计了计算模型用于发现和表示来自连续语音的词汇,从非负矩阵分解(NMF)方法入手,以高精确度和快速学习率为目标。本书主要内容分为 7 章。

第 1 章为引言,介绍了本书的写作动机、相关研究工作以及语音信号处理的基本知识。

第 2 章介绍了用于词汇习得和评价的非负矩阵分解框架。语音是由它的特征包(BoF)来表示的,所有训练语音的 BoF 则构成了被分解的矩阵。非负矩阵分解的代价函数取为相对熵(Kullback-Leibler Divergence, KLD)。由于 NMF 善于从数据整体中发现重复的部分,因此它可以从连续的语音中发现重复的单词,这也符合我们的目标 1 和目标 2.1 中关于 NMF 与其他降维或聚类技术的概念对比,从而解释了为什么在本书中选择了非负矩阵分解方法。

第 3 章通过改进向量量化(Vector Quantization, VQ)来克服精度损失,从而改进了语音的特征包表示。分别在多码本、软向量量化和多个时间尺度上试验了三种技术,其中多码本和软向量量化本质上是聚类技术,而多个时间尺度则来源于目标 2.2。所有这些都被证明对于改进 NMF 模型的词汇习得是有效果的,识别精度接近利用标记数据训练的隐马尔可夫模型(HMM)所获得的精度。然而,NMF 模型的上述改进是以高计算复杂度为代价的,并且需要足够的标记数据作为监督。这些问题将在第 4 章和第 5 章中进行讨论和改进。

第 4 章对原始的 NMF 模型施加图正则化约束。在第 2 章中所介绍的 NMF

学习框架中使用的 BoF 表示法只具有较弱的时态邻接表示。在复杂的学习环境中(如长序列、较差的基础关联信息等),这可能会导致破坏了时序结构的错误词汇模式,例如无法对应于连续的声音。本章中介绍的图模型反映了在表示语音时的时间邻接性特征。图正则化 NMF 可以在求解过程中保持特征的邻接性,从而在无监督的习得过程中产生有意义的语音模式,这些属性对应于目标 2。在正则化项中,如果不归一化,优化问题就会得到平凡解。加入约束后,就必须修改原有的算法来有效地解决新问题。因此,我们提出了一种按元素更新算法来解决这个大规模(例如,对于一个有 100 万行和 1 万列的矩阵)的图正则化非负矩阵分解与 ℓ_1 归一化(Graph Regularized NMF with ℓ_1 Normalization, GNMF)问题。相对于原 NMF 和文献[15]中提出的类似图正则化 NMF 算法,该算法获得了较好的性能。除了在语音数据方面表现良好外,L1GNMF 还适用于通过在视觉特征之间施加空间邻接性来发现图像模式。

第 5 章通过应用非负矩阵三因子分解(Non-negative Matrix Tri-Factorization, NMTF)从非负矩阵分解习得的词汇模型中发现隐藏的子字单元。结果表明,如果在有监督的 HMM 训练中使用高斯混合模型的高斯分布,则可以用多个连续的 HMM 状态来解释被发现的子字单元。这个想法随后被扩展到完全无监督的情况下,在这种情况下,应用顺序解码方案来强调语音的顺序。同时可以得到快速的词汇习得率,即通过使用被发现的子字单元来作为观测变量,通过使用尽可能少的标签数据来获得准确的词汇模型。本章的动机来源于目标 3。

第 6 章中考虑到通过 NMTF 发现的子字单元与 HMM 的隐藏状态之间有很强的关系,所以 NMTF 可以用于训练隐马尔可夫模型。随后提出了一种 NMF、NMTF 和 HMM 的联合训练模型,用于对 HMM 进行无监督训练。其基本思想是创造一条语音的两种视角:一种是观察序列,另一种是特征包表示。NMF 通过将数据分解为各个部分来提供数据的全局视角,而 HMM 则对应了严格逐帧建模的时序视角,这两种视角在联合训练框架中相互受益。通过对该方法在 TIDIGITS 数据库上的词汇发现、分割和识别任务进行评价,证明了该方法在离散密度隐马尔可夫模型、连续密度隐马尔可夫模型和基于相对熵的隐马尔可夫模型上性能良好。

第 7 章进行了总结,并讨论了未来词汇习得的研究方向。

第 2 章　通过非负矩阵分解实现词汇习得

在本章中，我们将非负矩阵分解(NMF)应用于词汇习得中。在此基础上，利用向量空间模型对语音信息进行了表示，并给出了相应的语音数据建模方法。最后介绍了 NMF 的训练和测试框架。

2.1　非负矩阵分解综述

2.1.1　NMF：指标与算法

非负矩阵问题可以表述为

$$\boldsymbol{V}_{M\times N}\approx\boldsymbol{W}_{M\times R}\times\boldsymbol{H}_{R\times N} \tag{2.1}$$

其中，M、R 和 N 是矩阵的维数。根据训练数据，N 个多元的 M 维数据向量被放置在一个 $M\times N$ 的矩阵 $\boldsymbol{V}$ 的列中。然后这个矩阵被分解成一个 $M\times R$ 的矩阵 $\boldsymbol{W}$ 和一个 $R\times N$ 的矩阵 $\boldsymbol{H}$。在上述过程中，模型从 N 个观察到的样本($\boldsymbol{V}$ 的列)中提取出 R 个因子($\boldsymbol{W}$ 的列)。R 是远小于 M 和 N 的值，以获得原始数据矩阵的低阶近似值。其中所有涉及的元素都是非负的。

1) 目标函数

为了估算公式(2.1)中 $\boldsymbol{V}$ 及其重构值 $\boldsymbol{WH}$ 之间的近似值，通常使用公式(2.2)中的弗罗贝尼乌斯范数或公式(2.3)中的相对熵(KLD)。

$$\|\boldsymbol{V}-\boldsymbol{WH}\|_F^2=\sum[V_{m,n}-(WH)_{m,n}]^2 \tag{2.2}$$

$$\mathrm{KLD}(\boldsymbol{V}\|\boldsymbol{W},\boldsymbol{H})=\sum_{m,n}V_{m,n}\log\frac{V_{m,n}}{(WH)_{m,n}}-V_{m,n}+(WH)_{m,n} \tag{2.3}$$

弗罗贝尼乌斯范数来源于高斯噪声假设，适用于功率谱和灰度图像等数据。设 $\nu_{m,n}$ 为样本 n 中特征 m 的取值的随机变量，假定它服从高斯分布 $N(WH)_{m,n},\sigma)$，则概率密度函数为

$$Pr[\nu_{m,n}=V_{m,n};(WH)_{m,n}\sigma]=\frac{1}{\sqrt{2\pi}\sigma}\mathrm{e}^{-\frac{1}{2\sigma^2}[V_{m,n}-(WH)_{m,n}]^2} \tag{2.4}$$

给定一组观测值 $V_{m,n}$，则 $(WH)_{m,n}$ 的最大似然估计(Maximum Likelihood Estimation，MLE)等同于最大化目标函数，即

$$\sum_{m,n}\log Pr[\nu_{mn}=V_{m,n};(WH)_{m,n},\sigma]=\sum_{m,n}-\log(\sqrt{2\pi}\sigma)-\frac{1}{2\sigma^2}[V_{m,n}-(WH)_{m,n}]^2 \tag{2.5}$$

在不考虑加法常数 $-\log(\sqrt{2}\pi\sigma)$ 和比例因子 $1/(2\sigma^2)$ 的情况下，公式(2.5)的最大值等同于公式(2.2)中弗罗贝尼乌斯范数的最小值。

KLD 基于泊松噪声假设，适用于计数型数据。设 $\nu_{m,n}$ 为样本 n 中特征 m 取值的随机变量并假设其服从泊松分布 $P((WH)_{m,n})$，则概率密度函数为

$$Pr[\nu_{m,n}=V_{m,n};(WH)_{m,n}]=\frac{[(WH)_{m,n}]^{V_{m,n}}}{V_{m,n}!}e^{-(WH)_{m,n}} \tag{2.6}$$

给定一组观测值 $V_{m,n}$，则 $(WH)_{m,n}$ 的最大似然估计等同于最大化目标函数，即

$$\sum_{m,n}\log Pr[\nu_{m,n}=V_{m,n};(WH)_{m,n}]=\sum_{m,n}V_{m,n}\log(WH)_{m,n}-(WH)_{m,n} \tag{2.7}$$

除了常数项 $\sum_{m,n}V_{m,n}\log V_{m,n}-V_{m,n}$，上述目标函数的最大值等价于公式(2.3)中 KLD 的最小值。

2) 算法

求解 NMF 问题的难点在于优化目标函数的同时要保持元素 $\boldsymbol{W}$ 和 $\boldsymbol{H}$ 的非负性。因此，为了达到这个目的，必须对传统的梯度下降法进行修改。对于 NMF 优化，我们使用了 Lee 和 Seung 在文献[65]中提出的乘法更新算法，在这个算法中，我们可以找到算法推导的细节和收敛的证明。我们在公式(2.8)中列出了基于弗罗贝尼乌斯范数的 NMF 相关算法，在公式(2.9)中列出了基于相对熵的 NMF 相关算法。在这两个版本中，$\boldsymbol{W}$ 和 $\boldsymbol{H}$ 都是乘性迭代更新的。

$$H_{r,n}\leftarrow H_{r,n}\frac{(W^{\mathrm{T}}V)_{r,n}}{(W^{\mathrm{T}}WH)_{r,n}},\quad W_{m,r}\leftarrow W_{m,r}\frac{(VH^{\mathrm{T}})_{m,r}}{(WHH^{\mathrm{T}})_{m,r}} \tag{2.8}$$

$$H_{r,n}\leftarrow H_{r,n}\frac{\sum_i W_{i,r}V_{i,n}/(WH)_{i,n}}{\sum_i W_{i,r}},\quad W_{m,r}\leftarrow W_{m,r}\frac{\sum_j H_{r,j}V_{m,j}/(WH)_{m,j}}{\sum_j H_{r,j}} \tag{2.9}$$

算法的属性如下：

(1) 按元素更新。操作为矩阵-向量乘法和按元素运算。因此，该算法对于并行计算十分有效。根据该属性，数据矩阵 $\mathbf{V}$ 中的稀疏性将通过从 $O(MNR)$ 到 $O(pNR)$

的稀疏运算来减少计算的复杂度，其中 p 是矩阵 $\boldsymbol{V}$ 的列中非零元素的最大数目。

(2) 乘性更新。更新后的变量是由其之前的值和另一项的乘积产生的。乘性更新能够确保原来的矩阵 $\boldsymbol{W}$ 或 $\boldsymbol{H}$ 中的零位置仍然为零。该属性被称为“零锁定”。这在保留初始解中指定的结构以及获取稀疏解方面的效果显著。

(3) 缩放模糊度。目标函数的本质是比较矩阵 $\boldsymbol{V}$ 和乘积 $\boldsymbol{WH}$，设 $\boldsymbol{S}$ 为具有非负逆矩阵的非负矩阵，其对 $\boldsymbol{W}$ 的缩放 $\boldsymbol{WS}$ 可以通过对 $\boldsymbol{H}$ 的重新缩放 $\boldsymbol{S}^{-1}\boldsymbol{H}$ 来抵消，从而不会改变目标函数的值。当 $\boldsymbol{S}$ 是对角矩阵时，这个现象被称为“缩放模糊性”。它可以通过文献[64]中提出的对 $\boldsymbol{W}$ 进行按列归一化来解决。

2.1.2　与其他方法的联系

1) k 均值聚类和向量量化

在聚类的观点中，NMF 的 $\boldsymbol{W}$ 列可以被看作聚类中心[23]。假设 $\boldsymbol{V}=[\boldsymbol{V}_1,\cdots,\boldsymbol{V}_N]$，$\boldsymbol{W}=[\boldsymbol{W}_1,\cdots,\boldsymbol{W}_R]$ 和 $\boldsymbol{H}=[\boldsymbol{H}_1,\cdots,\boldsymbol{H}_N]$，最小化弗罗贝尼乌斯范数的非负矩阵分解，则

$$\|\boldsymbol{V}-\boldsymbol{WH}\|_F^2=\sum_n\left\|\boldsymbol{V}_n-\sum_r\boldsymbol{W}_rH_{rn}\right\|_2^2 \tag{2.10}$$

在聚类和向量量化(VQ)中，每个数据样本都被分配给某个类簇。因此，H_{rn} 是二元的，且保持 $\sum_r H_{rn}=1$。因此，上面的公式就变为

$$\sum_n\sum_r H_{rn}\|\boldsymbol{V}_n-\boldsymbol{W}_r\|_2^2 \tag{2.11}$$

这是 k 均值聚类优化的类内距离。一旦获得了聚类中心，VQ 便可以应用于数据样本来压缩数据。NMF 和 VQ 之间的区别在于，NMF 可以从数据中习得可解释的“部分”，而 k 均值聚类和 VQ 只能产生数据样本的加权平均值，如文献[64]所述。

2) 主成分分析

主成分分析(Principle Component Analysis, PCA)是另一种通过矩阵分解来减少维度的方法，通常通过奇异值分解(Singular Value Decomposition, SVD)来完成，如公式(2.12)所示。

$$\boldsymbol{V}_{M\times N}\approx\boldsymbol{P}_{M\times R}\boldsymbol{S}_{R\times R}\boldsymbol{B}_{N\times R}^{\mathrm{T}} \tag{2.12}$$

与 NMF 不同，$\boldsymbol{P}$ 和 $\boldsymbol{B}$ 的项不一定是非负的。$\boldsymbol{P}$ 的列是 $\boldsymbol{VV}^{\mathrm{T}}$ 的特征向量，它们彼此正交。$\boldsymbol{B}$ 的列是 $\boldsymbol{V}^{\mathrm{T}}\boldsymbol{V}$ 的特征向量。$\boldsymbol{S}$ 是一个对角矩阵，它的对角元素是 $\boldsymbol{VV}^{\mathrm{T}}$ 或 $\boldsymbol{V}^{\mathrm{T}}\boldsymbol{V}$ 的特征值的平方根。通过只取与顶部 R 个特征值对应的特征向量，数据矩阵 $\boldsymbol{V}$ 被表示为“瘦”矩阵的乘积，如公式(2.12)所示，其中 $R\leqslant\min\{M,N\}$。

NMF 和 PCA 的几何图示如图 2.1 所示，其中加号表示数据样本。PCA 找到了正交的主方向(图中 $\boldsymbol{P}$:$\boldsymbol{P}_1$ 和 $\boldsymbol{P}_2$ 的列)，而 NMF 则构造一个由非负基(图中的 $\boldsymbol{W}_1$

和 W_2)张成的凸锥来表示数据。

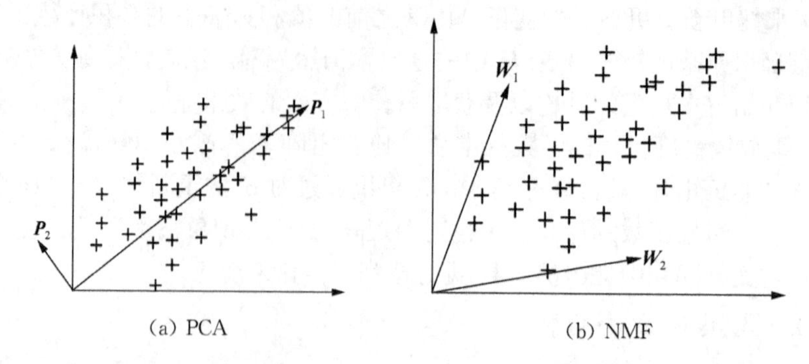

图 2.1　主成分分析(PCA)和非负矩阵分解(NMF)几何图示

PCA 找到一个正交基,其中第一个主向量 $\boldsymbol{P}_1$ 位于数据散点的主方向上,其他方向与此正交。NMF 试图寻找一组解,使大多数数据点可以表示为这组解中各向量的凸组合。

3) 概率潜在语义分析

具有相对熵的非负矩阵分解模型等同于概率潜在语义分析(Probabilistic Latent Semantic Analysis, PLSA)[37,25]。在基于文本的文档分析中,PLSA 是一种从其他两个统计变量(如文本单词 f 和文档 d)之间的相互关系中发现潜在主题 z 的方法。PLSA 已经被进一步扩展到更一般性的潜在狄利克雷分配(Latent Dirichlet Allocation, LDA)模型[8]。通过以条件概率对 f 和 d 之间的关系建模,数学表达式为

$$Pr(f_m|d_n) \approx \sum_r Pr(f_m|z_r)Pr(z_r|d_n) \tag{2.13}$$

图 2.2 中给出了相应的图模型,其中一个从变量 a 到 b 的箭头表示 b 是由 a 生成的,概率是 $Pr(b|a)$。

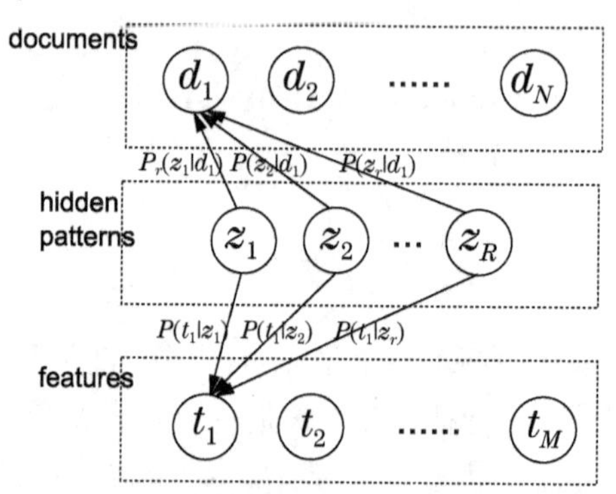

图 2.2　概率潜在语义分析定向图

项(t_i)是由隐含的主题(z_k)生成的,而这些主题则是由文档(d_j)进一步生成的。在这里,"生成"指的是通过服从一些多项式分布来抽样。

通过定义 $V_{m,n}=Pr(f_m|d_n)$，$W_{m,r}=Pr(f_m|z_r)$ 和 $H_{r,n}=Pr(z_r|d_n)$，我们解释了 PLSA 和 NMF 的解的等价性。PLSA 的最大似然解是在公式(2.14)中使用期望最大化算法得到的[48]。

$$
\begin{aligned}
Pr(f_m|z_r) &\leftarrow \frac{\sum_n V_{m,n} Pr(z_r|f_m,d_n)}{\sum_m \sum_n V_{m,n} Pr(z_r|f_m,d_n)} \\
Pr(z_r|d_n) &\leftarrow \frac{\sum_m V_{m,n} Pr(z_r|f_m,d_n)}{\sum_r \sum_m V_{m,n} Pr(z_r|f_m,d_n)}
\end{aligned}
\tag{2.14}
$$

其中：

$$
Pr(z_r|f_m,d_n) \leftarrow \frac{Pr(f_m|z_r)Pr(z_r|d_n)Pr(d_n)}{\sum_r Pr(f_m|z_r)Pr(z_r|d_n)Pr(d_n)}
$$

容易得出：

$$
Pr(z_r|f_m,d_n) = \frac{W_{m,r}H_{r,n}}{\sum_r W_{m,r}H_{r,n}}
$$

因此公式(2.9)转化为

$$
\begin{aligned}
W_{m,r} &\leftarrow \sum_n V_{m,n} \frac{W_{m,r}H_{r,n}}{\sum_r W_{m,r}H_{r,n}}, \quad W_{m,r} \leftarrow \frac{W_{m,r}}{\sum_m W_{m,r}} \\
H_{r,n} &\leftarrow \sum_m V_{m,n} \frac{W_{m,r}H_{r,n}}{\sum_r W_{m,r}H_{r,n}}, \quad H_{r,n} \leftarrow \frac{H_{r,n}}{\sum_m H_{m,n}}
\end{aligned}
\tag{2.15}
$$

根据 $\mathbf{V}$ 和 $\mathbf{W}$ 的按列归一化，公式(2.9)等价于公式(2.14)。

4) 字典习得

在 NMF 中，每个数据向量 $\mathbf{V}_n$ 都是由 $\mathbf{W}$ 的列的线性组合来建模的，即 $\mathbf{V}_n \approx \mathbf{W}\mathbf{H}_n$，其中 n 是数据向量的索引。$\mathbf{W}$ 的列通常被称为基或原子，而 $\mathbf{W}$ 的列的集合被称为**字典**。然而，NMF 限制了 $\mathbf{W}$ 中的基和 $\mathbf{H}_n$ 中的激活概率在不允许减法的情况下必须都是非负的。除此之外，基的数量 R 应该比原始数据矩阵 $\mathbf{V}$ 的维度 M 和 N 少得多。但是字典习得并没有限制基的数量，例如，一个过完备字典中基的数量可以比数据样本的数量多，即 $R \geqslant N$，如图 2.3 所示。

总之，通过将 NMF 与其他方法对比，可以看出基于相对熵的 NMF 具有整体习得、非负表征和可靠的概率解释等优势。字典习得也提供了有价值的特性，可以帮助改进原始的 NMF 模型。例如，对大字典的增量式学习和非负表示将使我们在大词汇量任务中受益。假设机器人在 $\boldsymbol{W}^{(\mathrm{old})}$ 中习得了一些单词，它还可以通过估算 $\boldsymbol{W}^{(\mathrm{new})}$ 和固定值 $\boldsymbol{W}^{(\mathrm{old})}$，即求公式(2.16)关于 $\boldsymbol{W}^{(\mathrm{new})}$，$\boldsymbol{H}^{(\mathrm{new})}$ 和 $\boldsymbol{H}^{(\mathrm{old})}$ 的最小值，从观测向量 $\boldsymbol{V}$ 中习得新的单词。

$$\mathrm{KLD}\left(\boldsymbol{V}\Big\|\left[\boldsymbol{W}^{(\mathrm{old})}\boldsymbol{W}^{(\mathrm{new})}\right],\begin{bmatrix}\boldsymbol{H}^{\mathrm{old}}\\ \boldsymbol{H}^{(\mathrm{new})}\end{bmatrix}\right) \tag{2.16}$$

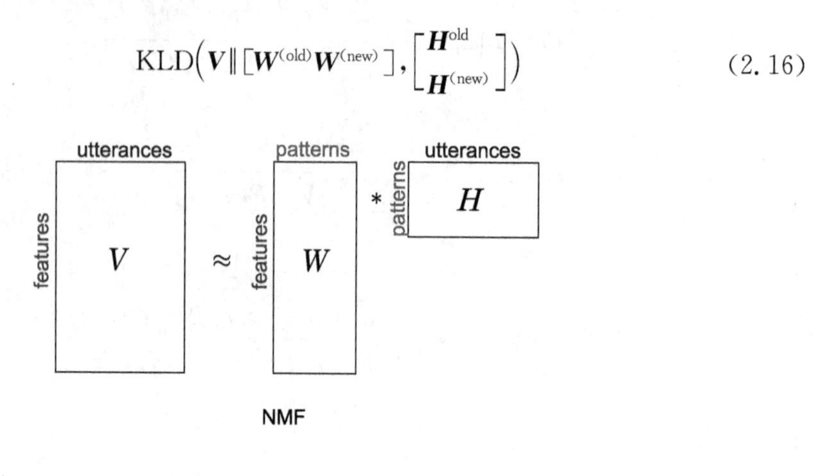

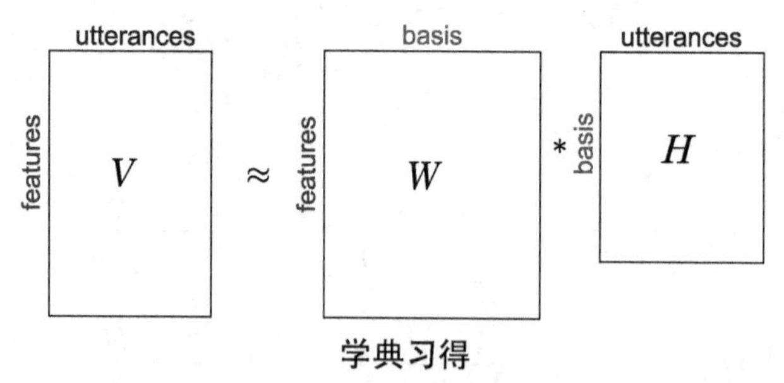

图 2.3 NMF 和字典习得

NMF 的一个基本条件是“低秩”近似，但是字典习得没有这种约束，并且它可以产生比数据样本更多的基。

2.2 语音的特征包表示

在 NMF 中，数据样本的基本表示是一个向量。如果不进行连续语音的分割，一条语音就会被当作一个数据样本。一条语音首先由它的特征包向量来表示，如图 2.4 所示，这个向量反映了在语音中每一个特征出现的频率。在最简单的情况下，这些特征可以取为梅尔频率倒谱系数的聚类中心。[75]

2.2.1　序列映射至向量

正如 1.2 节中所解释的，输入的语音是由一系列的梅尔频率倒谱系数向量表示的，如$\{\boldsymbol{O}_t, t=1,\cdots,T\}$，其中 $\boldsymbol{O}_t$ 是帧 t 的观测向量，每个帧向量随后被码字(codeword)标记。语音编码中，在类似的训练数据点被分组到聚类的过程中，码字可作为聚类中心而获得，这组码字被称为“码本”(codebook)。在这里，我们假设通过码字获得了码本，即$\{C_i, i=1,\cdots,I\}$，其中 I 是码字的数量或者码本的大小。我们将在 3.1.1 节中讨论用于语音表示的码本训练细节。用码本来表示 $\boldsymbol{O}_t$ 的最简单的方式是采用“赢者通吃”原则，即只在欧氏距离内使用最接近的码字，如下所示：

$$\operatorname{argmin}_i \|\boldsymbol{O}_t - C_i\|_2 \tag{2.17}$$

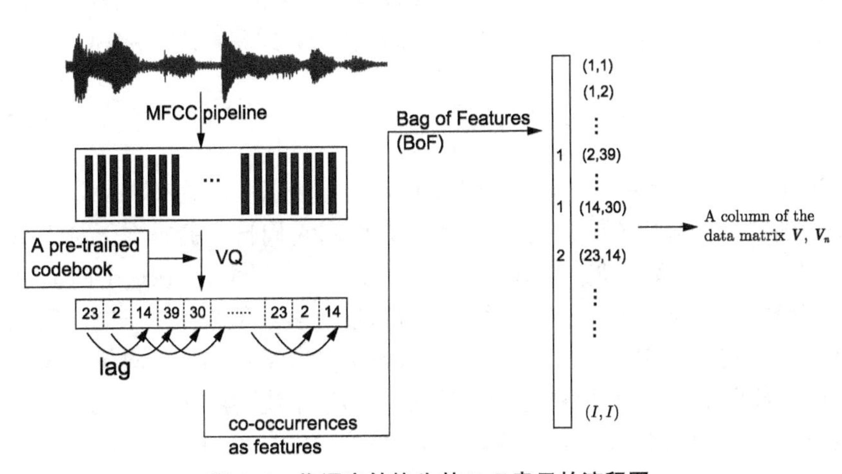

图 2.4　将语音转换为其 BoF 表示的流程图

通过使用预训练的码本，首先将 MFCC 向量提取并量化成数字，其中有一个滞差参数 *lag* 表示时间延迟，时间延迟两端的数字共现被定义为特征。随后，为语音计算出一组特征表示，并存储在数据矩阵 **V** 的一列中。

在这个阶段，输入是一个大小为 $D\times T$ 的梅尔频率倒谱系数向量序列，输出则是一个 $1\times T$ 的码字数字序列，其中 D 是 MFCC 的维数，T 是语音中的帧数。我们可以通过独热编码表示码字序列，如公式(2.18)所示，从而将一个 $1\times T$ 的序列重新表示为一个 $I\times T$ 的向量序列，其中 I 为码字个数。

$$Pr(x_t = C_i) = \begin{cases} 1, & i = \operatorname{argmin}_{i'} \|\boldsymbol{O}_t - C_{i'}\|_2 \\ 0, & \text{elsewhere} \end{cases} \tag{2.18}$$

将码字作为特征，则特征包(BoF)表示为

$$V_{in}^{(S)} = \sum_{t=1}^{T_n} Pr(x_t = C_i) \tag{2.19}$$

其中,S 表示静态流梅尔频率倒谱系数,T_n表示第 n 条语音的帧数。

“特征包”一词描述了 $V_{in}^{(S)}$ 将输入语音表示为一组特征的出现频率,即$\{x_t\}$。特征出现的顺序未被表示。这就好像我们观察所有的特征并把它们扔进一个袋子里,但是之后它们发生的顺序就无法重建了。这个术语命名的灵感来自于文献检索中的“词袋”(bag-of-words)[48]。

虽然语音的动态特性可以由每帧的 Δ 和 ΔΔ 特征来建模,但是当对帧进行求和来计算 BoF 表示时,可能会丢失长时轨迹。因此,在计算 BoF 时,可以将码字的共现作为特征来反映语音的动态特性。参数 τ 可以作为两个帧之间的时间延迟来定义码字的共现。这种 BoF 表示在文献[113]中被命名为声音共现直方图(HAC)。

$$V_{i+i' * I,n}^{(S,\tau)} \sum_{t=1}^{T_n} Pr(x_t = C_i, x_{t+\tau} = C_{i'}) \tag{2.20}$$

其中,$Pr(x_t=C_i, x_{t+\tau}=C_{i'})$可以近似为 $Pr(x_t=C_i) * Pr(x_{t+\tau}=C_{i'})$。

类似的操作可应用于字串流 Δ 和 ΔΔ,并使用它们自己的码本。对于每个字串流,一个语音的声音共现直方图表示的是一个 $I^2\times 1$ 的向量,在这个向量中,I 是该字串流码本中码字的数目。滞后参数 τ 也可以有多个值来表示不同时间尺度上的语境信息。我们使用 $\mathbf{V}^{(S,\tau_1)}$ 表示来自梅尔频率倒谱系数(静态)向量的滞后参数 τ_1所生成的数据矩阵。通过将数据矩阵与不同的字串流[静态(S)、速度(V)和加速度(A)]和多个时间滞后(τ_1、τ_2)相叠加,我们在公式(2.21)中得到了一个综合的数据矩阵,其中每一列表示不同视角的语音特征。

$$\begin{bmatrix} V^{(S,\tau_1)} \\ V^{(V,\tau_1)} \\ V^{(A,\tau_1)} \\ V^{(S,\tau_2)} \\ V^{(V,\tau_2)} \\ V^{(A,\tau_2)} \end{bmatrix} \tag{2.21}$$

2.2.2 线性运算

BoF 表示法本质上是一种变换,能够将不定长的序列转换成具有固定维度的向量。给定一条包含 T 个词的语音,BoF 运算的加性保持不变,如下所示:

$$\mathrm{BoF}(\mathrm{word}_{u_1}, \mathrm{word}_{u_2}, \cdots, \mathrm{word}_{u_T}) \approx \sum_{l=1}^{L} \omega_l \mathrm{BoF}(\mathrm{word}_l) \tag{2.22}$$

其中，$u_t(1\leqslant u_t\leqslant L)$是单词索引，$L$ 是单词的总数，ω_l是单词 l 在语音中出现的频率。有了这个属性，很明显整个数据(一条语音的 BoF)是由各个部分(一个单词的 BoF)组成的。

然而，上述条件要求每个单词的 BoF 表示不随发音的变化而变化。这里的不变性意味着在不同的情况下发音不同的同一单词，例如发音持续时间、由不同的人说或使用不同语境的单词，都应该导致近似的 BoF 表示。为了实现这种不变性，应考虑运用相关技术来改进 BoF 表示，这是下面几章研究的动机之一。

2.3　词汇习得的非负矩阵分解

使用非负矩阵分解(NMF)进行词汇习得的两个动机为：第一，NMF 擅长不受监督或半监督的学习过程；第二，NMF 可以在不进行语音分割的情况下从数据整体中习得“部分”。

2.3.1　训练

上文中，我们介绍了如何使用语音的 BoF 表示来得到数据矩阵。理论上，在数据矩阵 $\boldsymbol{V}$ 的无监督 NMF 学习中可以得到基于 BoF 的模式表示。但是如果没有额外的辅助信息，这些模式很难被解释。在语言习得中，(类似单词的)模式的含义可以和语音一起从其他形式中衍生出来。例如，如果一个婴儿在看到他的父亲时经常听到“爸爸”一词的模式，他们之间就建立了一个语义联系[30,89]。来自其他模态的信息被称为“基础关联信息”。在我们的任务中，为了把研究的重点放在语音上，暂时假设所有来自语音以外的其他模态的信息都能被完美地建模。

1) 基础关联

在这项工作中，基础关联信息也被表示为一个特征包。在儿童语言习得过程中，这对应于孩子能够识别“爸爸”“熊”或“球”等独立对象的情况。每个对象均由一组关键词进行描述，出现在可视场景中，触发 BoF 表示中的一个特征。因为在视觉场景中没有序列顺序，所以特征包的描述方式是较为合理的。因此，基础关联信息的表示如下：对于一个训练集，如果已知第 n 条语音包含 K_n个来自集合 L 的关键词，且它的索引为 $m_1, m_2, \cdots, m_{K_n}(1\leqslant m_k\leqslant L)$，那么我们可以构建一个 $L\times N$ 的基础关联矩阵 $\boldsymbol{G}$，其中 $k=1,2,3\cdots,K$，N 为训练集中语音的数量。换句话说，$G_{l,n}$是第 l 个词在第 n 条语音中出现的次数。

对基础关联矩阵的分解，代价函数同样可以是相对熵。为了平衡基础关联矩阵 $\boldsymbol{G}$ 和数据矩阵 $\boldsymbol{V}$ 的影响，在因数分解之前对数据矩阵施加了一个比例因子：$V_{i,j} \leftarrow (\sum\limits_{l,n} G_{l,n} / \sum\limits_{i,n} V_{i,n}) V_{i,n}$。因此，具有基础关联信息的非负矩阵分解模型可以表述为：

$$\begin{bmatrix} G \\ V \end{bmatrix} \approx \begin{bmatrix} W^{(g)} \\ W \end{bmatrix} H \tag{2.23}$$

我们将 $\boldsymbol{W}$ 的列称为模式。习得的模式在它们的 BoF 表示中。矩阵 $\boldsymbol{W}^{(g)}$ 将模式与基础关联词联系起来。矩阵 $\boldsymbol{H}$ 包含了训练集的语音中模式的激活概率。模式 R 的数量应该等于或大于基础关联词的数量，即 $R \geqslant L$。也就是说，在 $\boldsymbol{W}^{(g)}$ 和 $\boldsymbol{W}$ 中使用一些额外的列来描述数据中与基础关联词无关的信息，例如承载句、静音和单词边界等。我们把这些额外的模式称为垃圾模式(garbage pattern)。

2) 初始化

为了获得我们期望的词汇表示模式，需要将 $\boldsymbol{W}^{(g)}$ 或 $\boldsymbol{H}$ 巧妙地进行初始化。$\boldsymbol{W}^{(g)}$ 可以通过叠加一个大小为 $L \times L$ 的单位矩阵和一个大小为 $L \times (R-L)$ 的非负随机矩阵来初始化。$\boldsymbol{H}$ 可以通过叠加一个大小为 $L \times N$ 的基础关联矩阵 $\boldsymbol{G}$ 和一个大小为 $(R-L) \times N$ 的非负随机矩阵来初始化。非负矩阵分解更新的零锁定属性将引导求解过程到所需的激活模式。

2.3.2 评估方法

在识别的阶段，我们首先计算所习得模式的激活概率矩阵 $\boldsymbol{H}'$，如下所示：

$$\min_{\boldsymbol{H}'} \mathrm{KLD}(\boldsymbol{V}' \| \boldsymbol{W}\boldsymbol{H}') \tag{2.24}$$

其中，$\boldsymbol{V}'$ 是测试集语音的 BoF 矩阵，$\boldsymbol{H}'$ 是需要优化的变量，在无需基础关联信息而只借助于声学 BoF 表示的情况下将其估计出来。上述函数中，只有 $\boldsymbol{H}'$ 需要被估计，而 $\boldsymbol{W}$ 则是从训练的模型中获得的。随后计算用于测试语音的基础关联词的估计激活矩阵 $\hat{\boldsymbol{G}}'$。

$$\hat{\boldsymbol{G}}' = \boldsymbol{W}^{(g)} \boldsymbol{H}' \tag{2.25}$$

有两个评估指标可以用于对比估计所得的 $\hat{\boldsymbol{G}}'$ 和测试集的基础关联矩阵 $\boldsymbol{G}'$。

1) 等差错率(EER)

通过对这些词在 $\hat{\boldsymbol{G}}'$ 中的激活阈值的研究，我们可以在连续语音中发现单词模式。阈值将平衡误警报率和未检测率。在该评估中，我们总是选择两个错误率相等的阈值，即词汇检测的等差错率(Equal Error Rate, EER)。

当真实的正样本量和真实的负样本量严重失衡时，这个度量便有可能产生问题。例如，在一个有 $L=50$ 个关键词的数据库中，每条语音只包含 2 个关键词(2 个正样本和 48 个负样本)。采用等差错率将产生大约 20 倍的错误警报。尽管如此，它仍然可以反映模型和算法的相对性能。与下文的无序误字率相比，在先前的实验中为模型评估得出结论时，在等差错率上没有显著的差异[27]。

2）无序误字率

令 $\hat{\boldsymbol{G}}'$表示每条测试语音中出现的单词，但未进行排序，所以这里可以采用的性能指标为“无序误字率”(Unordered Word Error Rate，UWER)。假设已知不同关键词在第 n 条测试语音中出现的次数 D_u，具有最高激活概率的 D_u候选项被保留在 $\hat{\boldsymbol{G}}'$的第 u 列中。误字率被定义为不正确单词数量的总数(仅是替换)除以完整测试集上 D_u的总数。[76]通过将 $\hat{\boldsymbol{G}}'$和 $\boldsymbol{G}'$转换成二进制矩阵，计算无序误字率为

$$\mathrm{UWER}=\frac{\sum_{kn}|\hat{G}'_{kn}-G_{kn}|}{2\sum_{kn}G'_{kn}} \tag{2.26}$$

2.3.3 非负矩阵分解模型的优缺点

正如前文所提到的，NMF 学习模型适用于从连续语音中发现类似单词的部分，而不需要进行额外的显式分割。相对熵则很适合 BoF 表示法中的计数数据。欧盟 ACORNS 项目关于词汇习得的报告中阐述了 NMF 模型的优势。[11]然而，为了获得更好的性能和更大的数据集，该模型还有几个缺点需要克服。

1）向量量化中的精度损失

在学习系统中要应用 BoF 表示法，输入的语音必须被标记为码字序列。向量量化过程将一个向量转换成一个整数，这导致了观测结果之间的差异。这种情况类似于早期的语音识别系统，在这种系统中，向量量化被用来提取观测结果并作为 HMM 系统的输入。在随后改进的自动语音识别系统中，VQ 被替换为多个码本或密度函数(如高斯混合模型)，对应于(半)连续密度隐马尔可夫模型[53,125]。

相应地，在第3章中，我们将以类似的方式改进基于向量量化的 NMF 学习框架，并为每个帧提供更精确的描述。

2）非负矩阵分解的局部最优解

解决 NMF 问题的算法的收敛性在文献[65]中得到了证实，但是由于关于{$\boldsymbol{W}$，$\boldsymbol{H}$}的优化问题的非凸性，无法保证全局最优解。所以该算法可以根据初始化情况收敛到局部最优解[26]。基础关联监督可以帮助模型找到与相关词汇相匹配的解。然而，在无监督的习得过程中，由于缺乏监督且输入数据是高维度的，求解过程可能无法顺利得到全局最优解。

额外的约束条件可以作为正则化项应用于 NMF，从而得到比原始模型更好的解。在第4章中，我们将用邻接矩阵对声学特征进行建模，再利用邻接矩阵对 NMF 进行正则化约束。

3）高维度

以上 NMF 学习模型通过其声学特征直接对每个词进行建模，得到一个高维

向量。根据该框架，学习过程需要添加新的向量来对新词进行建模。因此，计算代价非常高。同时，在高维表示中，要估计的参数数量也很庞大。

因此，为了改进 NMF 模型，在第 5 章中提出了在词汇描述中施加结构的降维技术。通过使用非负矩阵三因子分解，发现类似于 HMM 隐状态的子字单元，以作为单词表示的中间层结构。实验表明，具有丰富语音结构的子字单元整体表现优于声码字。

4）无词序解码

BoF 表示通过将所有特征放入一个向量中来表示序列。以 BoF 方式获得的词汇模式可以很容易地获得无序误字率。无序误字率是用来评估单词表示质量的一个合适的指标，但它不适用于针对词序的正常语音解码。文献[113]中的滑动窗口方法可以部分地解决这个问题。然而，与隐马尔可夫模型不同的是，滑动窗口方法具有较低的时间分辨率（窗长），并且很难检测重复的单词。

在第 6 章中，我们将用非负矩阵三因子分解来搭建非负矩阵分解和隐马尔可夫模型之间的桥梁。通过设计一个联合训练框架，最终学习得到一个可用于连续解码的改进的隐马尔可夫模型。

第 3 章　语音的特征包表示

第 2 章介绍了以特征包(BoF)表示为基础的非负矩阵分解(NMF)学习框架。BoF 表示所采用的特征是码字的共现。其中涉及的向量量化(VQ)过程导致 MFCC 特征描述精度的损失。在本章中,我们通过寻找比 VQ 更精确的帧编码来改进语音的 BoF 表示,比如多个码本和软 VQ,类似于自动语音识别发展历史中采用半连续隐马尔可夫模型的动机[53]。对用于分析语音信号以及像二元和三元语言模型等多种语境依赖关系的异步时间尺度,也在 NMF 框架内进行了研究。其中一些模型会增加计算复杂性,尤其是内存使用。

3.1　多个码本和软 VQ

如第 2 章所述,获取 BoF 表示的方法是基于原型短时语音频谱的共现频率,即声音共现直方图(HAC),该过程依赖于一个 VQ 过程将每一帧的频谱量化为一个数字。VQ 过程迫使我们在语音帧表示的精确度上做出妥协。对于最终的识别精确度,尽管文献[113]中已经表明该方法在小词汇量时可产生 94.43%的精确度,但与 96.25%精确度的离散密度隐马尔可夫模型(DDHMM)相比,还存在一定的改进空间,更遑论识别精确度更高的连续密度隐马尔可夫模型(CDHMM)。为了改进 VQ 带来的误差,一种显而易见的方法是增加码本大小。但是由于在 NMF 模型中使用的 HAC 表示是以码字共现统计为基础的,可以估算到训练需要的数据量将与码本大小的平方成正比,所以简单增大码本大小这个方案不太可行。

本节我们探讨如何寻找新的语音表示方法以减少量化误差所带来的损失[99],同时将数据规模控制在可接受的程度。利用 NMF 可轻易组合多个数据流信息的属性来展开研究,以更高的精确度和适中的复杂度对频谱信息进行编码。同时,需要记住,我们的最终任务是"识别"词汇,而不是语音帧"编码",因此需要提高模型的泛化性能,以避免过度学习。

首先回顾一下用 HAC 表示语音的流程[113],如图 3.1 所示。HAC 是一种特殊的 BoF 表示方式,其特征是声音共现。该流程对输入语音的处理方式如下:通过帧移(例如 10 ms)和分析窗(例如 25 ms 长)将语音采样序列转换成向量序列,然后计算梅尔频率倒谱系数(MFCC)的短时频谱,产生一系列 MFCC 流向量(称为静态-S流)。具体参数设置和常用的语音识别器参数设置一致。为了强调语音的动态特性,我们也计算了该序列的第一阶(速度-V流)和第二阶(加速度-A流)导数,即Δ和$\Delta\Delta$。三个HAC表示流中,每一个都由其对应的码本量化。然后针对该语音计算一段流的两个码本在固定时间滞差τ共现的频率。在生成HAC表示的过程中,向量的维度等于码本大小的平方。对于数据库中的多条语音,HAC表示被堆叠在矩阵$\mathbf{V}$中,每条语音一列。

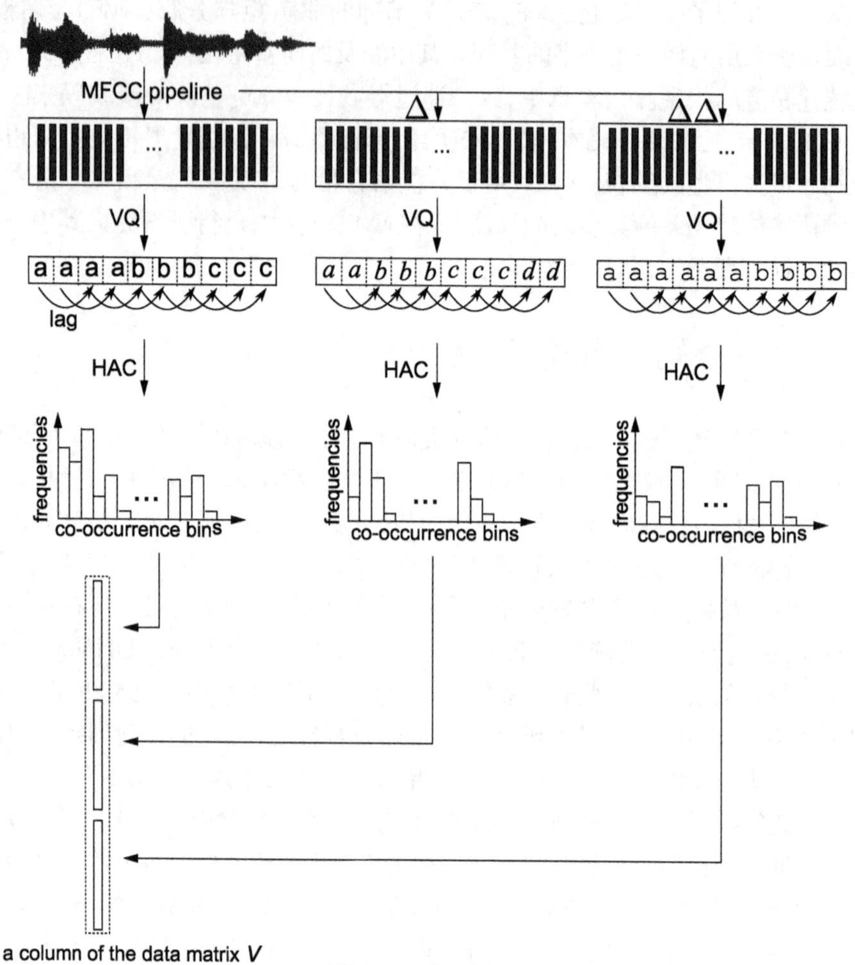

图 3.1　HAC 图示

从上到下的处理流程:(1) 计算MFCC、Δ和ΔΔ;(2) 向量量化产生一个标签序列;(3) 计算标签对的共现频率(HAC);(4) 在向量中堆叠。

3.1.1　帧编码方法

NMF模型的性能取决于语音的HAC表示的质量,而在HAC中,码本起着重要作用。因此，我们要首先说明码本的训练方式，然后提出改进这种表示的方法。

一段给定流(MFCC、Δ 或 ΔΔ)可以通过各自流的预训练码本进行编码。码本包含一组码字，其中码字是训练数据向量的 k 均值聚类中心。由于 k 均值的结果取决于数据本身和初始化方法，因此我们可以每次随机选择整个训练数据的一部分，并将 k 均值算法进行随机初始化，从而为同一段流训练不同的码本。如图 3.2 所示，训练不同码本的结果是获取涵盖训练数据的不同 V 氏图区域。例如，图 3.2 中用方框表示的两个点所附带的 VQ 标签在码本 1 中完全不同。然而，两者却彼此接近。因此，一个额外的码本可以弥补这种情况，例如在码本 2 中，两个相邻点可以获得相同的标签。因此，硬 VQ 的随机性也具有有利的一面，两个相邻点有机会被划分到同一 V 氏图区域，如下所示。

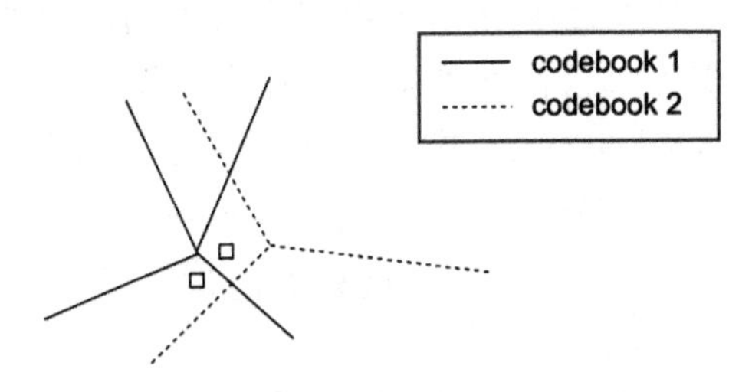

图 3.2　码本和划分数据空间的 V 氏图区域

硬 VQ 可能会用不同的码字对两个相近的数据点进行编码。在使用多码本的情况下，这两个数据点有机会被置于同一个 V 氏图区域，从而拥有相同的码字。多码本可以弥补单个码本在硬判决中的精确度损失。

1）多码本

我们研究的第一种技术是在同一段信息流上使用拥有不同 V 氏图区域的多个码本，这种技术也曾被应用于 HMM[59]。以 *MFCC* 流为例，假设我们如上所述训练两个不同的码本，每个码本都有 M 个码字，以滞差 τ 计算 HAC 可得数据矩阵 $\mathbf{V}^{(S,\tau,\text{cdb}_i)}$，其中 $1\leqslant i\leqslant 2$ 为码本索引。MFCC 流的数据矩阵将扩展为

$$[(\mathbf{V}^{(S,\tau,\text{cbd}_1)})^{\mathrm{T}}(\mathbf{V}^{(S,\tau,\text{cbd}_2)})^{\mathrm{T}}]^{\mathrm{T}}$$

使用多个码本得到 HAC 表示的流程对于不同滞差的 MFCC、Δ 或 ΔΔ 流是相同的。因此对于以特定信号处理参数或特定滞差来计算的 HAC，我们称之为视图。因此，如果在一个具有 10 ms 帧移和 25 ms 窗长的 3 段流的示例中，每段流采用 2 个码本进行量化，但使用 3 个不同的时间滞差 τ，则会有 $3\times3\times2=18$ 个视图。数据矩阵由 Q 个不同的视图组成，$\mathbf{V}^{(q)}$，$q=1,2,\cdots,Q$，可以堆叠产生训练或测试集的综合数据矩阵，如公式(3.1)所示。这里，q 表示视图，即每个参数的选择，包括流、滞差和码本。因此，在数据矩阵中，$\mathbf{V}$ 的每一列都表示同一条语音。

$$\mathbf{V}=\begin{bmatrix}\mathbf{V}^{(1)}\\ \mathbf{V}^{(2)}\\ \vdots\\ \mathbf{V}^{(Q)}\end{bmatrix} \tag{3.1}$$

根据 HAC 表示的性质,观察到的直方图计数是构成语音的单词的共现频率的总和。将它们叠加到超向量中,可以获得更准确的语音描述。由此,映射到相同量化表示的帧的数目相应地减少,从而减少了量化损失。然而,随着我们添加更多的码本,每个码本可以保持较小的码本量,从而数据量也不会指数级增加。

2) 软 VQ

本节研究的第二种技术是软 VQ,即以多个接近当前数据点的码字来表示数据。我们首先对原数据点进行概率性描述,即用概率密度函数代替带有硬判决边界的 V 氏图区域。数据点与聚类的邻近度为关于聚类集合的后验概率,该技术也被应用于半连续的 HMM[52]。为了使 NMF 问题在计算上可行,我们还要求数据矩阵足够稀疏,即要求每个数据点只能通过附近的“有限的”几个码字来表征。

对于每段流,使用 k 均值聚类构建含有 I 个码字的码本:

(1) 聚类中心:$\boldsymbol{\mu}_1,\boldsymbol{\mu}_2,\cdots,\boldsymbol{\mu}_I$

(2) 聚类的协方差矩阵:$\boldsymbol{\Sigma}_1,\boldsymbol{\Sigma}_2,\cdots,\boldsymbol{\Sigma}_I$

每个聚类由多元高斯分布 C_i 建模,其均值为 $\boldsymbol{\mu}_i$,协方差矩阵为 $\boldsymbol{\Sigma}_i$。在这个高斯分布假设下,码字 i 上(在分析帧 t 处)观测到数据向量 $\boldsymbol{O}_t$ 的概率为

$$Pr(\boldsymbol{O}_t;C_i)=\frac{1}{\sqrt{(2\pi)^D|\boldsymbol{\Sigma}_i|}}\exp\left\{-\frac{1}{2}(\boldsymbol{O}_t-\boldsymbol{\mu}_i)^{\mathrm{T}}\boldsymbol{\Sigma}_i^{-1}(\boldsymbol{O}_t-\boldsymbol{\mu}_i)\right\} \tag{3.2}$$

其中,D 是特征的维数。在标注一个语音帧时,为保持稀疏性,我们仅保留排名前 K 的聚类:

$$Pr(\boldsymbol{O}_t;C_{i_{t,1}}),Pr(\boldsymbol{O}_t;C_{i_{t,2}}),\cdots,Pr(\boldsymbol{O}_t;C_{i_{t,K}}) \tag{3.3}$$

其中,$C_{i_{t,1}},C_{i_{t,2}},\cdots,C_{i_{t,K}}$ 是最可能产生语音帧 $\boldsymbol{O}_t$ 的 K 个高斯分布(或称为聚类中心)。将高斯后验高斯分布概率作为用于计算共现概率的归一化分数。设 x_t 表示编码帧 t 的聚类标签这个随机变量。描述帧 $\boldsymbol{O}_t$ 特征的概率密度函数如下:

$$Pr(x_t=C_{i_{t,k}})=\frac{Pr(\boldsymbol{O}_t;C_{i_{t,k}})}{\sum_{k'=1}^{K}Pr(\boldsymbol{O}_t;C_{i_{t,k'}})} \tag{3.4}$$

在 HAC 表示中，公式(3.5)给出了对$\{C_{i_{t,k}}, C_{i'_{t+\tau,k'}}\}$共现的计算方式，其中 t 和 $t+\tau$ 表示两个帧$\boldsymbol{O}_t$和$\boldsymbol{O}_{t+\tau}$的时间索引。

$$Pr(x_t = C_{i_{t,k}}, x_{t+\tau} = C_{i_{t+\tau,k'}}) = Pr(x_t = C_{i_{t,k}}) Pr(x_{t+\tau} = C_{i_{t+\tau,k'}}) \tag{3.5}$$

因此，带有滞差 τ 的数据矩阵应构建如下：

$$V_{i_{t,k}+i_{t+\tau,k'} * I, n} = \sum_{t=1}^{T_n-\tau} Pr(x_t = C_{i_{t,k}}, x_{t+\tau} = C_{i_{t+\tau,k'}}) \tag{3.6}$$

其中，T_n是语音 n 中的帧数。

3) 自适应 VQ

本节研究的第三种技术，即自适应 VQ，用于增强稀疏性并降低模型复杂度，同时保留以软 VQ 进行帧编码的精确度。自适应 VQ 的基本思路是自适应地选取用于标记每个帧的高斯分布的数量 K。直观解释为，靠近聚类中心的帧将使用少量的高斯分布，而靠近边界的帧将在附近的高斯分布上具有较高的激活概率。为实现上述思想，本节提出了两种方法。

一种是根据在不同高斯分布上的概率密度差异来选择 K。对于语音帧 $\mathbf{O}_t$，设从高到低降序排列后的似然概率值为

$$Pr(\boldsymbol{O}_t; C_{i_{t,1}}), Pr(\boldsymbol{O}_t; C_{i_{t,2}}), \cdots, Pr(\boldsymbol{O}_t; C_{i_{t,I}}) \tag{3.7}$$

其差分为

$$\delta Pr(\boldsymbol{O}_t, s) = Pr(\boldsymbol{O}_t; C_{i_{t,s}}) - Pr(\boldsymbol{O}_t; C_{i_{t,s+1}}), s = 1, 2, \cdots, I-1 \tag{3.8}$$

直观地看，对于每一帧 $\mathbf{O}_t$，寻找一个 K_t值，使在该处似然概率值从“重要”突然下降到“较不重要”这一类：

$$K_t = \min[\mathrm{argmax}_s \delta Pr(\boldsymbol{O}_t, s), 10] \tag{3.9}$$

然后被选定的 K_t个码字用于表示语音帧 t。每个帧都自适应地选择 K_t。上限 10 是用来保持编码的稀疏性，即每个帧至多选择 10 个码字。

另一种方法是设定一个阈值，例如最大似然概率的 1/10，如下所示：

$$\gamma_t = \frac{Pr(\boldsymbol{O}_t; C_{i_{t,1}})}{10} \tag{3.10}$$

然后用以下公式选择 K_t：

$$K_t = \min[\mathrm{argmin}_s Pr(\boldsymbol{O}_t; C_{i_{t,s}}) > \gamma_t, 10] \tag{3.11}$$

其中，上限 10 是用于保持编码的稀疏性。

3.1.2 词汇习得结果

实验基于ACORNS-Y2-UK数据库进行，该数据库是ACORNS数据库的英文部分，而ACORNS(Acquisition of COmmunication and RecogNition Skills，交流与识别技能的习得)是一个研究计算语言获取方法的项目[11,10]。基于这个目标，从英语字典中选择50个英语单词作为关键词，选择的依据是12～15个月大的婴儿可以听懂这些单词。以正确的语法组织50个词中的若干词，并搭配适当的载体词(例如代词、介词等)，来构建数据中的每条语音。其中，每条语音的关键词数量控制在1到4之间。训练集有9 998条语音，测试集有3 300条语音。50个关键词中，每个关键词在整个数据库中至少出现50次，以保证足够的重复度。该数据库包含来自10个不同说话人的语音，其中含有6位男性和4位女性。所有语音数据以44.1 kHz的采样频率录制。不过在我们的实验中，统一将其降采样至16 kHz。

频谱分析的窗长取为25 ms，帧移取为10 ms。MFCC提取使用30个梅尔滤波器，从中计算得到12个MFCC系数加上帧的对数能量共计13维向量作为一个语音帧的初始表示。MFCC、Δ和ΔΔ流的码本大小分别选取为250、250和100。随机选择3%的语音用于训练每个流的码本。用于定义共现的帧之间的滞差取为20 ms、50 ms和90 ms(即在给定10 ms的帧移的情况下，$\tau=2,5,9$)。NMF的分解维数取为$R=75$，以保证其大于关键词的数量(即50)，剩余的维度可以对语音中出现的非关键词(如填充词等)进行建模。但实际上数据库中的单词数目远远超过75个，所以该模型不足以对每一个填充词进行精确描述。NMF需要迭代求解，其算法和初始化如2.3节所述。

为了避免软VQ中的小聚类中协方差矩阵估计时样本不足，我们使用主方向二等分来确保每个聚类至少拥有$10\times D$的数据样本(即观测向量)，其中$D=13$是每个流(MFCC 、Δ或ΔΔ)的维数。

通过对单词激活的概率取特定阈值，我们可以检测测试语音中包含的单词。该阈值将在漏检和虚警之间进行权衡，以选择两种错误类型具有相同值(即具有相同的错误计数)的阈值。此时的漏检和虚警概率我们称之为等差错率(EER)。

由于NMF算法无法确保找到其代价函数的全局最小值，因此我们通常进行5次随机初始化尝试，并计算平均误差率和标准偏差。平均值和标准偏差见表3.1至表3.3，图3.3给出了NMF模型所需的差错率和内存需求量。

表3.1 ACORNS-Y2-UK上多码本NMF的等差错率 (%)

#码本	1	3	5	10	15
EER (%)	1.87±0.04	1.60±0.04	1.56±0.06	1.55±0.06	1.55±0.04

表 3.2　ACORNS-Y2-UK 上软 VQ NMF 的等差错率　(%)

#码本	1	2	3	5
$K=1$	1.65±0.04	1.50±0.02	1.37±0.04	1.39±0.04
$K=3$	1.33±0.07	1.29±0.06	1.25±0.06	1.21±0.08
$K=5$	1.33±0.08	1.26±0.07	1.22±0.05	1.21±0.03

表 3.3　ACORNS-Y2-UK 上自适应 VQ NMF 的等差错率　(%)

#码本	1	3	5	10
基于差异	1.46±0.06	1.36±0.05	1.33±0.04	1.32±
基于阈值	1.29±0.05	1.24±0.03	1.22±0.03	1.26±

3.1.3　讨论

我们使用多码本方法，通过增加表 3.1 中的码本数量成功地降低了差错
通过使用多码本技术，提高了模型泛化的能力。但是，随着码本数量的增多
度的提高趋于平缓。最优码本数量维持在 5 到 10 个左右，这可能是因为码
的增加导致了同一帧的不同码本表示之间产生了分歧。

我们将每个聚类(码字)建模为全协方差高斯分布，并对码字上的 MFC
软分配，从而进一步提高 NMF 模型的性能，如表 3.2 所示。自适应 VQ 可
软 VQ 的良好性能(如表 3.3 所示)，同时通过为每个帧自适应选取码本，可
比软 VQ 更少的内存量，如图 3.3 所示。

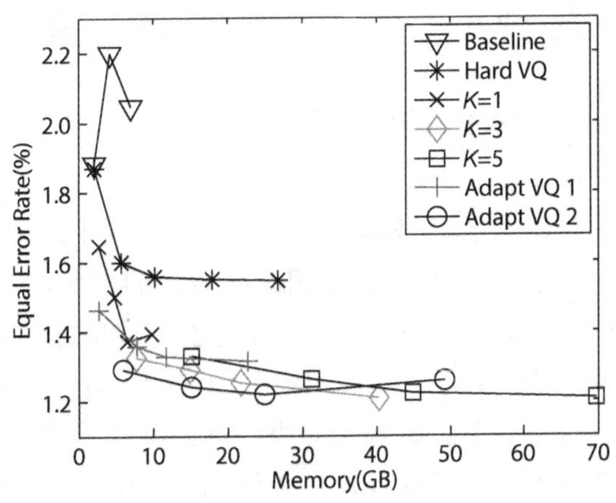

图 3.3　在 ACORNS-Y2-UK 上编码方法的精确度与复杂度(在所需内存中测量)之间的权衡

基线(Baseline)：单码本尺寸增大的硬 VQ。硬 VQ(Hard VQ)：数量增多的码本，每个码本的大小分别为 250、250 和 100(就 MFCC、Δ 和 ΔΔ 而言)。$K=1,\cdots,K=5$：码本数量增加的软 VQ，K 表示每帧保留的软分配标签数量。自适应 VQ(Adapt VQ)：码本数量增加且每帧保留的软分配标签数量可变的软 VQ。

图 3.3 显示了关于计算复杂度(以模型体积计)的等差错率变化。带有更多视图的表示意味着数据表示将产生更大的数据矩阵以及更重的计算负载。与图 3.3 中的基线相比,仅仅通过增加码本的大小,也确实可以一定程度上降低差错率。但随着码本增大,如 1 500 码字用于 S 流,1 500 码字用于 V 流,1 000 码字用于 A 流,峰值内存将需要 50 千兆字节,却只产生了较差的结果。在图 3.3 中还发现,使用软 VQ 和自适应 VQ 能更好地折中所需内存量与精确度。对于每帧要保留的码字数量,$K=3$ 是一个很好的选择。我们也检查两种自适应 VQ 技术中每帧所使用的平均码字数量。第一种的平均数为 1.2,第二种的平均数为 1.8。这些小数值表明,语音的稀疏表示对于单词学习来说具有一定的合理性和充分性。

需要注意的是,表 3.1 中带有一个码本的硬 VQ 与表 3.2 中 $K=1$ 的软 VQ 之间的码字和语音帧相似度的标准不同。前者采用欧氏距离,而后者等同于马氏距离。

通过本节提出的语音帧表示和 NMF 学习框架以及基础关联监督,可以成功地发现数据库中重复出现的词汇。我们采用多码本、软 VQ 和自适应 VQ 等技术,将基线系统的性能提升了 35%。“收益”(差错率)和“付出”(所需内存量)之间的比率也显著提高了。

但是当我们将当前使用的方法用于码本更多、更复杂的模型中时,性能不再提升而是趋向稳定。可以发现当码本数量大于 5 时,差错率不再出现显著下降(图 3.3)。为进一步优化 NMF 学习模型,除 MFCC 的码字外,应考虑新的声学特征来克服超大内存带来的难题以及多视图表示之间可能出现的分歧[17]。

3.2 多个时间尺度和异步流

在前面的章节中,我们观察到随着硬 VQ 和软 VQ 中码本数量的增加,性能开始趋平。根据自适应 VQ 中每帧平均使用码字数目的情况,3 到 5 个码字应该已经可以对一个语音帧进行较好的表示。不过,上述分析是针对特定的信号处理参数来选取的,即 25 ms 的窗长和 10 ms 的帧移。实际上,由于语音的非平稳性,有必要研究关于不同时间尺度的更好的时频表示,特别是对于语音中的瞬变部分——辅音——尤为重要。为了验证这个想法,我们用多个异步分析窗长和帧移对辅音识别进行检测[100]。

3.2.1 多重/可变帧频的动机和相关工作

在各种语音识别性能测试中,人类听觉的表现都优于自动语音识别(ASR)系统,这包括十分基本的辅音识别。然而,我们不清楚的是人类的这种优势来源于何处[93]。对于语音中的瞬变部分可能需要给予更多的关注，因为人类感知机制对这些部分更为敏感[44]。因此，比传统分析窗口更精细的时间尺度可以更好地识别语音中的瞬变部分。例如，爆破音需要在更精细的时间尺度内进行分析，以便将结束点与触发阶段分离开来。但是，对于包括鼻音在内的其他辅音，较短的分析窗口并不是最理想的，因为这些辅音在其频谱中具有(反)共振特征，最好采用带有几个音高周期的窗口进行分析。如果用最合适的时间尺度处理每个音素类别，那么识别框架需要处理在多个时间尺度上的异步特征。

文献[13]中提出了用可变帧频处理来体现语音的动态特性，该技术通过在时间域内删除并丢弃变化缓慢的帧来增强瞬变部分。有研究表明，在语音识别器中，通过减少帧数并保持 HMM 中隐状态的数量不变可以减少识别结果中的插入错误，从而提高识别率。但是与此同时，却可能增加删除错误。因此，我们应该在训练过程中找到平衡插入和删除错误的最佳阈值[73]，以在丢弃变化缓慢的帧的同时尽量避免失去有用的帧。除了帧选择，处理语音动态属性的一种替代方法是使用多个时间尺度，如下文所述。

具有不同时间尺度的多个流特征可以通过修改传统 HMM 识别器的结构进行整合[9]。图 3.4 举例说明了 J 流识别器的一个框架。系统将从输入语音信号中提取几个信息流，每个信息流代表语音信号的不同属性并被分别处理，直到某些重组点(图 3.4 中的⊗)。在这种情况下，不同的流不受限于相同的帧频，并且与每个流相关联的底层 HMM 模型不必具有相同的拓扑。相对于传统 HMM，该系统结构引入了更多训练期间估算的参数，比如不同流的权重和重组标准。此外，在训练期间，需要以先验知识将语音分成多个流。

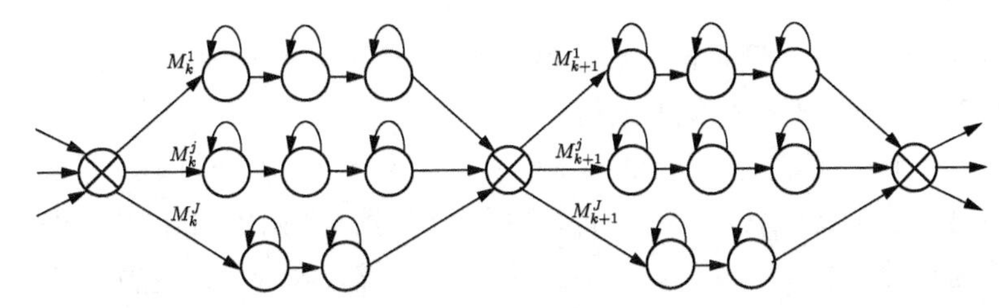

图 3.4　语音单元之间有定位点的 J 流识别器的一般形式(强制不同流之间的同步)[9]

对于不同的流，帧频和模型拓扑不一定相同。

在之前的工作[75]和上一节中，我们已证明 NMF 可用于发现语音中重复出现的单词单元而无需依靠其他的附加信息。在 NMF 模型中，语音被表示为具有多个视图的超级向量。通过处理公式(3.1)中以固定窗长和帧移生成的 HAC 向量，数据矩阵可以比较方便地将信息流的多个异步时间尺度表示进行整合。

3.2.2 VCV 语料库和发音特征

我们使用元音-辅音-元音(Vowel-Consonant-Vowel, VCV)语料库[20],利用具有多个时间尺度的分析窗,来评估 NMF 方法在识别比字更小的单位——辅音(特别是爆破音)——方面的效果,研究了拥有不同帧长、帧移及其组合的输入表示的识别性能。

研究发现 NMF 能够整合多种不同时间尺度的特征[75],这对于辅音分类(例如爆破音)尤为重要。VCV 语料库是为评估辅音识别和分类而设计的,并且人们已经在这一数据集上实施了听觉实验,即测试人在这个数据集上的识别率。因此,它是我们采用多个时间尺度来评估带有语音表示的 NMF 的性能时所选择的较为理想的数据库。

1) 语料库和工作任务

该数据集在 9 个元音语境中包含 24 个辅音,即 b、ch、d、dh、dj、f、g、h、k、l、m、n、ng、p、r、s、sh、t、th、v、w、y、z、zh,元音语境由 3 个元音 aa、iy、uw 的所有可能组合构成,语音来自 24 位(男性和女性)说话者。训练集由 6 664 条“元音-辅音-元音”形式的语音组成,而测试集包含 384 条语音。有关该语料库的更多信息,请参见文献[20]。

辅音识别任务是找出每条语音中的各个辅音。具体而言,爆破音的识别也可以对模型在高时间分辨率上的性能进行测试。同时,每条语音中的辅音根据其发音特征(AF)进行了分类。发音特征需要考虑方式、位置和清浊音。方式包含 6 个值:爆破音、摩擦音、塞擦音、鼻音、滑音、流音;位置也包含 6 个值:唇音、齿龈音、软腭音、上颚音、齿音、声门音;清浊音包含 2 个值:浊音(+)和清音(-)。

2) 模型结构

我们以辅音识别为例来描述该模型。实际上,用于辅音/爆破音识别和发音特征分类的 NMF 模型拥有相似的结构。

正如 2.3 节所述,监督信息融入基础关联矩阵 $\boldsymbol{G}$ 中,如下所述。在训练集中,如果已知第 n 条语音包含第 l 个辅音,则用第 l 行第 n 列中的 1 和其他处的 0 来构建 $L\times N$ 的基础关联矩阵 $\boldsymbol{G}$,其中 L 是不同辅音(或爆破音或发音特征值)的总数,N 是训练语音的数量。$\boldsymbol{G}'$ 表示测试集的基础关联矩阵。$\boldsymbol{G}$ 中描述的监督信息有助于提取与基础真值相关的模式。

我们通过堆叠带有一个或多个视图的语音的 HAC 表示来构建数据矩阵 $\boldsymbol{V}$,其中每个视图都对应一个分析尺度(预定义的窗长和帧移)。

3.2.3 辅音识别和发音特征分类结果

实验中信号分析窗长(10 ms、20 ms 和 25 ms)和帧移(2 ms、5 ms 和 10 ms)均使用三个不同的值。实验指标和参数见表 3.4,其中 S、M、L、* 分别表示短、中等、长、所有。所以 SM 表示短窗长(10 m)和中等帧移(5 m),* S 表示 SS、MS、LS 的组合。

表 3.4 VCV 上的实验参数配置

指标	SS	MS	LS	SM	MM	LM	SL	ML	LL
窗口	10 ms	20 ms	25 ms	10 ms	20 ms	25 ms	10 ms	20 ms	25 ms
帧	2 ms	2 ms	2 ms	5 ms	5 ms	5 ms	10 ms	10 ms	10 ms
滞差 τ	[10,25,45]			[4,10,18]			[2,5,9]		

为了使结果具有可比性,我们在相同窗长的实验中使用相同的码本。因此,10 ms 帧移时的共现是 2 ms 帧移时的共现的一个子集。2 ms 帧移时滞差 τ 为[10、25、45],5 ms 帧移时为[4、10、18],10 ms 帧移时为[2、5、9],所以在所有情况下实际的滞差时间都是相同的:20 ms、50 ms 和 90 ms。由于爆破音较短,我们仅对 20 ms 和 50 ms(2 次滞差)的较短时间间隔进行评估,如表 3.5 所示。静态流、速度流和加速度流的码本大小分别为 150、100 和 50,其中数量较少的码字用于变化较小的流。所提取的特征向量是从 30 个梅尔滤波器中计算得到的 12 维 MFCC 加 1 维对数能量。辅音、爆破音和元音的分解维数为 $R=45$,方式的维数为 $R=10$,位置的维数为 $R=10$,清浊音的维数为 $R=3$。$\boldsymbol{W}$ 和 $\boldsymbol{H}$ 的初始化方式与 2.3 节中的方式相同。

为了了解差异的意义,我们进行了 9 折交叉验证。我们将原始训练/测试分区当作第 1 次折叠,然后将训练集分成 8 个不相交的说话者子集。每个子集包含一位男性和一位女性说话者。在第 2 至第 9 次折叠中,将第 1 次折叠的测试集加上 7 个子集用于训练,其余子集用于测试。使用多次折叠还可以让我们评估实验的精确度。

表 3.5 VCV 的第 1 次折叠后辅音识别和 AF 分类的精确度 (%)

特征	辅音	爆破音(3 次滞差)	爆破音(2 次滞差)	方式	位置	清浊音
SS	72.3	85.0	83.5	83.1	69.0	87.9
SM	77.7	80.4	83.5	86.6	72.0	90.1
SL	75.0	81.9	81.0	85.8	71.6	89.4
MS	76.5	82.5	83.3	82.9	71.4	88.8
MM	76.3	84.6	85.2	86.5	72.8	90.0
ML	73.1	73.3	69.6	84.4	71.4	89.3
LS	75.7	82.7	84.0	83.7	72.5	88.8
LM	75.1	80.0	79.8	85.8	71.6	89.4
LL	70.0	69.2	74.8	84.4	69.4	88.7
* S	76.0	85.6	86.9	82.6	71.5	89.6

续表 3.5

特征	辅音	爆破音（3次滞差）	爆破音（2次滞差）	方式	位置	清浊音
*M	78.0	84.4	84.8	86.7	72.1	89.9
*S+*M	77.7	85.0	87.7	85.5	72.1	90.0
HMM+SVM[93]	—	—	—	91.7	82.1	95.8
CDHMM[20]	88.5	—	—	—	—	—
人耳[20]	93.8	—	—	—	—	—

为了与基线系统进行比较，表 3.5 罗列了第 1 次折叠的辅音识别和 AF 分类结果，其中每个值都是使用不同随机初始化的 5 次 NMF 尝试的平均值。关于 AF 值分类，表 3.6 只显示了 5 ms 帧移时的结果和组合特征。HMM+SVM 的性能来自文献[93]，该方法使用 HTK 对 HMM 进行训练以提取辅音部分，随后将支持向量机(Support Vector Machine, SVM)用于分类。HMM 的数量为 30，其中 24 个用于对辅音建模，6 个用于对 3 个元音建模(一个为 VCV 的开始元音建模，一个为 VCV 的终端元音建模)。每个 HMM 由 3 个发射状态和 32 个高斯混合分布组成，而静音模型使用 64 个高斯混合分布。用相应的典型 AF 值替换(上述 HMM 中)帧级音素标签，从而创建 SVM 训练、开发和测试数据集。该工作采用径向基函数(RBF)核，文献[93]中也给出了每种 AF 的支持向量数。基于“标准”39 维 MFCC_0_Z_D_A 特征，使用 CDHMM 进行辅音识别的结果取自文献[20]，采用了含有 24 个高斯混合分布的 CDHMM 系统及 3 个状态的单音模型。

表 3.6　VCV 的第 1 次折叠后测试集上 AF 值分类的平均精确度　(%)

AF 值	精确度(%)							测试语音数
	SS	MM	LS	*S	*M	*S+*M	HMM+SVM	
方式								384
爆破音	81.9	84.0	83.5	82.3	88.5	91.7	96.9	96
摩擦音	83.8	90.4	80.6	77.8	94.4	77.8	96.5	144
塞擦音	86.3	88.8	91.3	90.6	90.6	90.6	87.5	32
鼻音	83.8	75.0	83.3	83.3	87.5	85.4	85.4	48
滑音	81.3	85.6	92.5	93.8	78.1	84.4	87.5	32
流音	77.5	90.0	76.3	78.1	81.3	78.1	81.3	32

续表 3.6

AF 值	精确度(%)							测试语音数
	SS	MM	LS	*S	*M	*S+*M	HMM+SVM	
位置								384
唇音	71.3	83.8	77.9	68.8	75.0	80.2	94.8	96
齿龈音	47.3	51.3	59.4	76.0	45.8	56.3	83.3	96
软腭音	78.3	72.9	80.0	68.8	79.2	85.4	81.3	48
上颚音	81.9	86.5	84.8	76.0	94.8	84.4	90.6	96
齿音	56.9	45.6	46.3	56.3	53.1	53.1	53.1	32
声门音	91.3	76.3	83.8	87.5	81.3	87.5	68.8	16
清浊音								384
浊音	87.7	93.5	91.3	86.8	86.1	86.8	96.7	144
清音	87.5	85.8	86.0	89.6	92.5	90.4	95.8	240

注:对于单一特征流,表中仅罗列了产生良好性能的特征流(SS、MM、LS)。

图 3.5 和 3.6 显示了 9 次折叠后的平均值和误差条。两张图和表 3.8 中的不确定值是 9 次折叠后平均精度的经验标准偏差。关于这些图表的详细讨论如下。

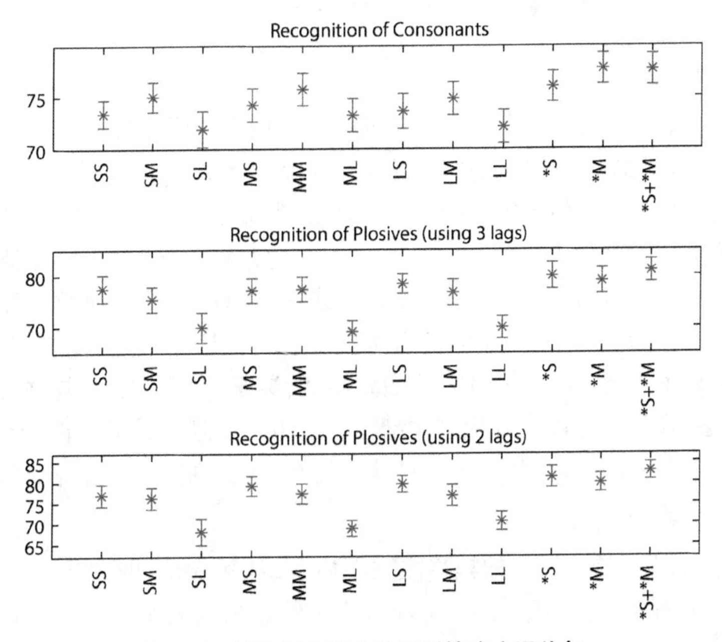

图 3.5　辅音和爆破音的识别精确度误差条

平均值和不确定值基于 VCV 的 9 次折叠计算而得。

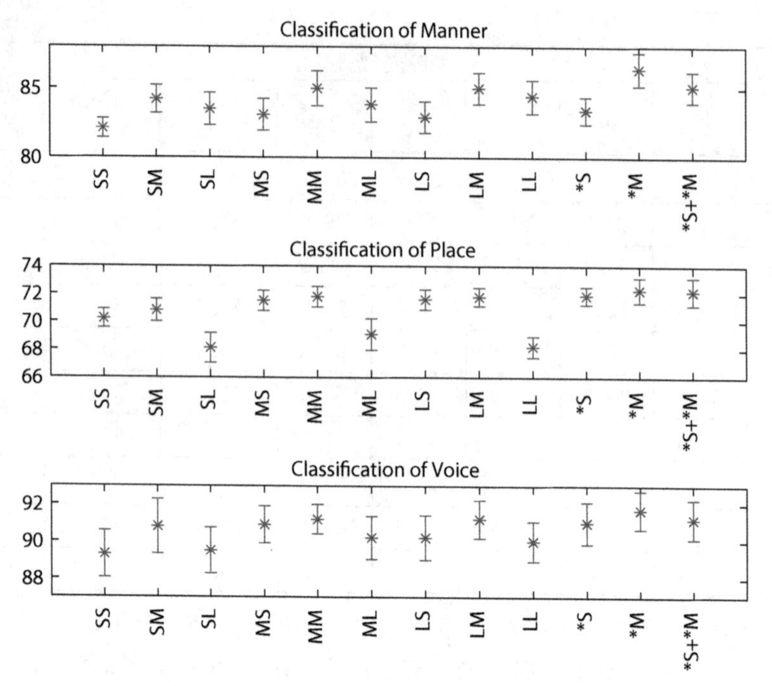

图 3.6　三种发音特征的分类精确度误差条

平均值和不确定值基于 VCV 的 9 次折叠计算而得。

3.2.4　讨论

上述模型对于辅音识别的最佳结果为 78%，而人类听觉准确率为 93.8%[20]。在三种 AF 上，所提模型的识别能力表现是：发音＞方式＞位置（见表 3.5 和图 3.6），这与文献[93]中的结论是一致的。但是，和文献[93]中的结果相比，我们的结果在发音方式的判别上落后 5%，在发音位置的判别上落后 10%，在清浊音的判别上落后 6%，这可能是因为我们没有像文献[93]那样利用将辅音部分与元音部分分割的切分信息。NMF 模型的优点是在没有先验切分信息的情况下达到了这种识别率。然而，对于某些 AF 值，比如**塞擦音**、**鼻音**、**滑音**、**流音**、**软腭音**、**上颚音**、**齿音**、**声门音**，所提模型的表现优于文献[93]。由于文献[93]的性能指标仅在第 1 次折叠上可用，因此这种比较的统计显著性是有限的。更详细的讨论如下。

1）帧移的影响

从表中可以看出，10 ms 的帧移往往不如 2 ms 和 5 ms 的帧移。5 ms 的帧移是一个较好的折中。在帧移为 10 ms 时，训练数据量大大减少。在语音时长给定的情况下，使用较短帧移的模型会产生更好的结果，这是由于较短的帧移生成了更多的训练数据。事实也确实如此，2β ms 帧移时观察到的共现符号对是在 β ms 帧移时所生成符号对的子序列。因此，10 ms 帧移数据只是 2 ms 帧移数据的每 5 个样本中的 1 个。从表 3.7 中可见，就第 1 次折叠而言，匹配的帧移实际上更好。这里的“匹配”意味着训练和测试使用相同的帧移。因此，NMF 模型也可以捕捉到共现事件之间的关系，这种关系在不匹配的条件下被破坏。另一个有趣的观察结果是，表 3.7 中右上角的结果比左下角的结果差，换言之，使测试数据更稀疏（通过抽取的方式）还不如使 VCV 数据集上的训练数据更稀疏。

2）窗长的影响

如表 3.5 和图 3.5 所示，采用 10 ms 或 20 ms 窗长可获得辅音识别的最佳结果。我们预计使用短窗长可以在爆破音识别上获得最佳性能，但结果并非总是如此，因为在表 3.5 和图 3.5 中，中等窗长在中短帧移的情况下也表现良好。较短的滞差如预期那样效果更好。需注意，不同的窗长也会导致不同的码本，所以很难进行完全公平的对比。因此，我们建议使用 2 ms 或 5 ms 的帧移，并与最佳窗长（10 ms、20 ms）相结合。

3）组合信息

从表 3.5、图 3.5 和图 3.6 可以观察到，组合所有窗口大小可以提高单一时间尺度分析的精确度。中短帧移的结合也不会影响精确度。此外，中等帧移确实提供了一个新的共现样本。所以我们建议使用所有可用的信息来源。

4）组合特征的增益是否来自多码本？

需要注意的一点是，使用 ∗S、∗M 和 ∗S+∗M 特征，实际上意味着我们也使用了具有不同时间尺度的多码本，因为该模型在每个时间尺度上都使用了不同的码本。多码本技术是通过每个带有特征 q 的码本生成一个声学矩阵 $\mathbf{V}^{(q)}$，并将其堆叠起来形成一个新的声学矩阵 $\mathbf{V}=[\mathbf{V}^{(1)};\cdots;\mathbf{V}^{(Q)}]$，如 3.1.1 节所述，多码本表示的性能也会优于单码本表示。

实验在 9 次折叠的基础上进行，以检测组合特征的改进是否来自多个时间尺度或多码本。结果见表 3.8，其中 3×SS 表示 3 个带有短窗长和短帧移的码本。因此，3(6)码本的声学特征矩阵具有与 ∗S 和 ∗M(∗S+∗M)相同的尺寸。对于所有特征，从 1 个码本到 3 或 6 个码本的确有所改进，但这种改进不会像使用具有多个时间尺度的特征时的改进那样大。因此我们得出结论，增益确实来自不同时间尺度上的组合信息。

在本节中，我们通过使用 NMF 模型，在 VCV 语料库中辅音和爆破音的识别以及发音特征的分类方面，对不同的窗长和帧移进行了比较。识别结果还有很大的提升空间。发音特征的分类结果并不如文献[93]中所述的那样令人满意，这可能归因于我们没有依赖语音中辅音部分的分割。但是，某些 AF 值时的性能优于

HMM+SVM 模型。可以折中 HMM 识别器[59]的 10 ms 帧移被 5 ms 替代后，在用于辅助识别的 NMF 方法中表现更好。多窗长和帧移的思路似乎确实可行：其性能往往优于其各单独的子模块，因为它可能包含了不同分析的互补特征。此外，NMF 模型能够利用异步多尺度信息。

表 3.7　VCV 的第 1 次折叠时测试集上不同帧移的训练和识别　（精确度%）

训练＼测试		MS	MM	ML
MS	方式	84.2±2.0	69.6±1.6	42.6±1.7
	位置	70.6±1.6	66.3±0.8	55.4±1.0
	清浊音	89.0±1.3	86.6±1.9	72.4±4.6
MM	方式	79.2±2.3	85.7±1.7	76.5±1.5
	位置	70.5±2.8	73.2±1.7	67.3±2.8
	清浊音	87.7±1.0	90.5±0.7	88.3±0.2
ML	方式	77.8±3.2	83.5±2.6	85.2±1.4
	位置	69.8±2.5	72.7±1.8	71.4±2.6
	清浊音	83.3±6.3	88.5±1.0	88.6±1.6

表 3.8　使用多码本后 VCV 的 9 次折叠的辅音识别率　（%）

	1×SS	1×MS	1×LS	1×SM	1×MM	1×LM	1×ML	1×LL
平均值	73.4	74.2	73.6	75.0	75.7	74.8	73.2	72.1
不确定值	1.3	1.6	1.7	1.1	1.6	1.6	1.6	1.6
	3×SS	3×MS	3×LS	3×SM	3×MM	3×LM	*S	*M
平均值	74.6	74.7	74.4	75.8	76.2	75.6	76.0	77.7
不确定值	1.4	1.4	1.6	1.3	1.7	1.6	1.1	1.1
	6×SS	6×MS	6×LS	6×SM	6×MM	6×LM	*S+*M	
平均值	74.3	74.3	74.1	75.5	75.8	75.6	77.6	
不确定值	1.3	1.5	1.7	1.2	1.7	1.6	1.5	

虽然这种分析注重语音的表示，但我们应该意识到许多参数会影响实际的识别结果，例如码本大小、MFCC 提取中的参数、时间滞差、分解维数和初始值等。我们在实验中控制这些参数，因为探索参数需要更多的数据。

3.3　来自语音的高斯后验图的多视角模型

在前一节中，我们使用多个时间分析尺度研究语音表示。与单一分析尺度相比，NMF模型的性能有所提高，但仍然不如CDHMM识别器。在本节中，我们对NMF模型和CDHMM识别器的性能进行了更为直接的比较。根据当前的实验结果，我们不太清楚NMF和CDHMM的差异是来自语音表示(HAC、概率密度函数等)中使用的码字，来自学习框架，还是来自用于训练的监督信息。在本节中，为了将我们的模型与CDHMM识别器进行比较，在NMF框架中使用从CDHMM训练所得的高斯分布作为码字，以便消除码字这个影响因素，从而将对比集中在两个不同的模型上。同样，出于识别任务和数据库的选择，我们将监督信息中的差异降至最低，详细说明见3.3.3节。

3.3.1　高斯后验图表示

在常用的CDHMM识别器中，每一个语音帧通过其MFCC＋Δ＋ΔΔ来描述，由$\boldsymbol{O}_t$表示，状态由高斯混合模型(GMM)来建模，GMM是几个高斯分布的加权组合。我们在本节中使用从预训练的CDHMM的GMM中所收集的高斯分布。CDHMM的介绍见1.2.2节，其中不同的高斯分布用于对不同的隐状态建模。在本节中，每个HMM隐状态下的高斯分布的权重和状态之间的转移都被忽略了。

高斯分布$\mathcal{G}_m$在这里被用作码字，其质心为$\boldsymbol{\mu}_m=[\mu_{1,m},\cdots,\mu_{D,m}]^{\mathrm{T}}$，其协方差对角矩阵为$\boldsymbol{\Sigma}_m=\mathrm{diag}(\sigma_{1,m}^2,\cdots,\sigma_{D,m}^2)$。$D$维帧$\boldsymbol{O}_t$在高斯分布$\mathcal{G}_m$上的似然概率为

$$Pr(\boldsymbol{O}_t;\mathcal{G}_m)=\frac{1}{\sqrt{(2\pi)^D\prod_d\sigma_{d,m}^2}}\exp\left[-\sum_{d=1}^{D}\frac{(O_{d,t}-\mu_{d,m})^2}{2\sigma_{d,m}^2}\right] \tag{3.12}$$

因此，所有高斯分布上的后验概率可用于对一个帧进行编码表示，如下所示：

$$Pr(\mathcal{G}_m|\boldsymbol{O}_t)=\frac{Pr(\boldsymbol{O}_t;\mathcal{G}_m)}{\sum_{m'=1}^{M}Pr(\boldsymbol{O}_t;\mathcal{G}_{m'})} \tag{3.13}$$

其中，M是高斯分布的总数。使用以下公式：

$$\boldsymbol{X}_t=[Pr(\mathcal{G}_m|\boldsymbol{O}_t),\cdots,Pr(\mathcal{G}_m|\boldsymbol{O}_t)]^{\mathrm{T}} \tag{3.14}$$

来表示一个帧的后验概率，新的表示$\{\boldsymbol{X}_t,t=1,\cdots,T\}$被称为语音的后验图。如同在软VQ中所采用的技术一样，对于每一个语音帧，仅保留概率最高的K个高斯分布而将其余设置为零，可以获得该语音帧的稀疏表示。

3.3.2 来自高斯后验图的 BoF 表示

图 3.7 提供了从语音的高斯后验图构建多视图表示的流程。

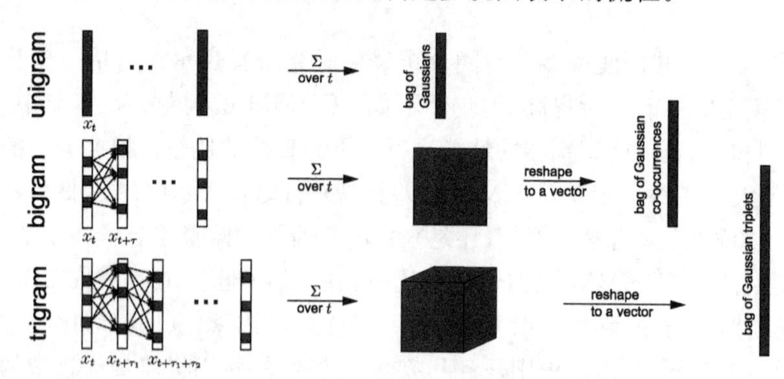

图 3.7 从语音的高斯后验图构建多视图表示

1) 高斯一元模型

在一元模型中,语音由高斯分布的累积后验概率表示,其被称为高斯分布包。累积概率存储在 $M\times1$ 向量中,其中 M 为高斯分布的数量。因此,声学矩阵 $\boldsymbol{V}$ 中第 n 条语音对应的列为

$$\boldsymbol{V}_n=\sum_{t=1}^{T_n}\boldsymbol{X}_t \tag{3.15}$$

其中,T_n是语音的帧数,$\boldsymbol{X}=[\boldsymbol{X}_1,\cdots,\boldsymbol{X}_{Tn}]$是高斯后验图。图 3.7 中的“unigram”行描述了这一过程。

2) 二元模型:高斯共现

在二元模型中,语音由高斯共现的累积概率表示,即高斯共现包。因此,$\boldsymbol{V}$ 的行数变为 M^2。每个帧 $\boldsymbol{O}_t$ 首先由其在高斯分布上的后验概率表示,如公式(3.14)所示。为了保持稀疏性,我们只选择了有限数量的高斯分布(例如概率最高的 K 个)来标记这一帧。设 $\boldsymbol{I}_t$ 为帧 t 的保留高斯分布的索引。这项特征选择技术在本文中被称为 **FeatSel-1**。

$$\boldsymbol{V}_{\boldsymbol{I}_t\otimes\boldsymbol{I}_{t+\tau},n}\leftarrow\boldsymbol{V}_{\boldsymbol{I}_t\otimes\boldsymbol{I}_{t+\tau},n}+\boldsymbol{X}_{\boldsymbol{I}_t}\otimes\boldsymbol{X}_{\boldsymbol{I}_{t+\tau}} \tag{3.16}$$

其中,$\otimes$是克罗内克积,τ 是两帧之间的滞差参数,$\boldsymbol{V}_{\boldsymbol{I}_t\otimes\boldsymbol{I}_{t+\tau},n}$是 $\boldsymbol{V}_n$ 的子向量,其索引为 $\boldsymbol{I}_t\otimes\boldsymbol{I}_{t+\tau}$,$\boldsymbol{V}_n$ 是数据矩阵 $\boldsymbol{V}$ 的第 n 列。公式(3.16)扫描时间轴 t 以生成 $\boldsymbol{V}_n$。图 3.7 中的“bigram”行描述了这一过程,其中两个向量的克罗内克积是一个高斯分布×高斯分布矩阵,该矩阵被拉平后为数据矩阵的一列。

除了上述仅针对每个帧采用顶端激活高斯分布的技术外,我们还采用了第二

种特征选择技术，该技术利用顶端激活高斯分布的共现，其依据是整个训练数据中的整体激活概率。来自第 2 章中 NMF 的数据矩阵列的总和 $\sum_n V_{i,n}$ 或学习模式矩阵列的总和 $\sum_r W_{i,r}$ 可以用于此目的。不过，我们将使用更先进的方法。从第 2 章中可以知道，在存在基础关联监督矩阵 $\boldsymbol{G}$ 时，$\boldsymbol{W}$ 的某些列与关键词相对应，而其他列则不能。在本节中，我们使用与关键词相对应的 $\boldsymbol{W}$ 的列来修剪高斯共现，因为 NMF 学习过程可以帮助消除与关键词无关的高斯共现。因此，通过对 $\sum_{k\in\{\text{word patterens}\}} W_{i,k}$ 进行排序和截断，我们所选择的高斯共现的索引存储在 $\bar{\boldsymbol{I}}_1$ 和 $\bar{\boldsymbol{I}}_2$ 中，后者是所选高斯共现的第一和第二高斯分布的索引。设 M' 为所选高斯共现模型的数量。因此，对于帧 t 和 $t+\tau$ 而言，保留的高斯共现所携带的第一组索引为

$$\hat{\boldsymbol{I}}_t \leftarrow \boldsymbol{I}_t \cap \bar{\boldsymbol{I}}_1 \tag{3.17}$$

第二组索引为

$$\hat{\boldsymbol{I}}_t \leftarrow \boldsymbol{I}_t \cap \bar{\boldsymbol{I}}_1 \tag{3.18}$$

然后通过公式(3.16)使用 $\hat{\boldsymbol{I}}_t$ 和 $\hat{\boldsymbol{I}}_{t+\tau}$ 为帧对$(\boldsymbol{X}_t, \boldsymbol{X}_{t+\tau})$计算高斯共现的直方图。扫描时间轴累积共现，可以获得语音的 BoF 表示。这种技术被称为 **FeatSel-2**。

最后，可以采用阈值 γ_v 来除去量级较小的 $\mathbf{V}$ 的行：

$$\mathbf{V}_{\boldsymbol{I}_v, n} = 0 \tag{3.19}$$

其中，行索引集为 $\boldsymbol{I}_v = \left\{ i \,\middle|\, \sum_n V_{i,n} < \gamma_v \right\}$。最后这种技术被称为 **FeatSel-3**。

3）三元模型：高斯三元组

在三元模型中，语音由高斯三元组的累积概率表示。因此，$\mathbf{V}$ 的行数是 M^3。我们再次使用 FeatSel-1，保留概率最高的 K 个高斯分布来标记帧。该数据矩阵由以下公式构建：

$$\mathbf{V}_{\boldsymbol{I}_t \otimes \boldsymbol{I}_{t+\tau_1} \otimes \boldsymbol{I}_{t+\tau_2}, n} \leftarrow \mathbf{V}_{\boldsymbol{I}_t \otimes \boldsymbol{I}_{t+\tau_1} \otimes \boldsymbol{I}_{t+\tau_2}, n} + \boldsymbol{X}_{\boldsymbol{I}_t} \otimes \boldsymbol{X}_{\boldsymbol{I}_{t+\tau_1}} \otimes \boldsymbol{X}_{\boldsymbol{I}_{t+\tau_2}} \tag{3.20}$$

其中，$\boldsymbol{I}_t$ 表示帧 t 的保留高斯分布的索引，τ_1 是第一帧和第二帧之间的滞差参数，τ_2 是第二帧和第三帧之间的滞差参数，$\mathbf{V}_{\boldsymbol{I}_t \otimes \boldsymbol{I}_{t+\tau_1} \otimes \boldsymbol{I}_{t+\tau_2}, n}$ 是数据矩阵 $\mathbf{V}$ 的第 n 列 $\mathbf{V}_n$ 的子向量。通过公式(3.20)，我们得到三元模型的 $\mathbf{V}_n$。图 3.7 中的“trigram”行描述了这一过程，其中时间空间 τ_1 和 τ_2 的三个向量的克罗内克积是一个“高斯分布×高斯分布×高斯分布”张量，它被进一步转换为数据矩阵的一列。

为了通过 FeatSel-2 技术在保留高斯共现的基础上进行特征选择，我们首先使

用 $\bar{\boldsymbol{I}}_1$、$\bar{\boldsymbol{I}}_2$ 来构建高斯三元组。在三元组中间的高斯分布应该是 $\bar{\boldsymbol{I}}_1$ 和 $\bar{\boldsymbol{I}}_2$ 的交集，以确保选择的高斯分布在二元模型中可以作为头尾，来连接第一高斯分布和第三高斯分布，即

$$\bar{\boldsymbol{I}}_2 \leftarrow \bar{\boldsymbol{I}}_1 \cap \bar{\boldsymbol{I}}_2 \tag{3.21}$$

因此，有效三元组中的第三个高斯分布的索引 $\bar{\boldsymbol{I}}_3$ 来源于 $\bar{\boldsymbol{I}}_1$ 和更新后的 $\bar{\boldsymbol{I}}_2$。帧 t、$t+\tau_1$ 和 $t+\tau_1+\tau_2$ 的保留高斯三元组的索引更新如下：

$$\begin{aligned} \hat{\boldsymbol{I}}_t &\leftarrow \boldsymbol{I}_t \cap \bar{\boldsymbol{I}}_1 \\ \hat{\boldsymbol{I}}_{t+\tau_1} &\leftarrow \boldsymbol{I}_{t+\tau_1} \cap \bar{\boldsymbol{I}}_2 \\ \hat{\boldsymbol{I}}_{t+\tau_1+\tau_2} &\leftarrow \boldsymbol{I}_{t+\tau_1+\tau_2} \cap \bar{\boldsymbol{I}}_3 \end{aligned} \tag{3.22}$$

然后通过公式(3.20)使用 $\hat{\boldsymbol{I}}_t$、$\hat{\boldsymbol{I}}_{t+\tau_1}$ 和 $\hat{\boldsymbol{I}}_{t+\tau_1+\tau_2}$ 为帧三元组($\boldsymbol{X}_t, \boldsymbol{X}_{t+\tau_1}, \boldsymbol{X}_{t+\tau_1+\tau_2}$)计算高斯三元组的直方图。扫描遍历所有帧三元组并累积概率，可以获得语音的 BoF 表示。

同样，也可以采用阈值 γ_v 来除去量级较小的 $\mathbf{V}$ 的行，如公式(3.19)所示，对于三元模型而言，这种技术被称为 **FeatSel-3**。

3.3.3 计算、结果和分析

实验在 TIDIGITS 数据库上进行，该数据库包含 11 个英文数字、8 438 条训练语音和 1 001 条测试语音。本节选用该数据库有两个方面的动机。首先，与 ACORNS-Y2-UK 数据库不同，TIDIGITS 没有无用的词或填充词，即所有单词都是要学习的关键词。在存在填充词的情况下，NMF 和 HMM 之间的比较将给 HMM 带来优势，HMM 的训练将拥有填充词的信息。其次，需要足够多说话者的数据库来测试模型的说话者无关性。VCV 数据库仅适用于辅音识别的评估，并且没有足够的数据进行单词学习。因此，我们在接下来的实验中选择了 TIDIGITS 数据库。

在实验开始之前，我们从基于 TIDIGIT 数据库由 HTK[125] 训练的 CDHMM 模型收集 $M=3\,628$ 个高斯分布，其中每个帧的表示是维数 $D=39$ 的 MFCC$+\Delta+\Delta\Delta$ 向量。CDHMM 识别器的误字率为 0.16%。为了在词汇发现方面与 NMF 模型的评估相当，我们首先将误字率转化为无序误字率。我们只计数和累加一条语音中唯一数字的替换，在无序误字率中对应的 CDHMM 基线为 0.15%。

NMF 的计算复杂度取决于矩阵的大小。$\boldsymbol{W}$ 和 $\boldsymbol{H}$ 中的正项分别以 #特征$\times R$ 和 $R\times N$ 为界。但是，由于数据矩阵 $\mathbf{V}$ 的稀疏性，正项的数量可能在较大范围内变化，这一范围大概为 #特征×稀疏性$\times N$。在下面的实验中，我们用内存消耗计算

复杂度。内存消耗取为程序执行期间观察到的峰值。

1）具有高斯软赋值的 NMF 模型的结果

在具有高斯软赋值的 NMF 模型中，每个帧均由高斯分布上最高的 K 个后验概率标记。表 3.9、表 3.10 和表 3.11 列出了关于模型参数的无序误字率（UWER）。对于一元模型和二元模型的结果，表中报告的无序误字率是 5 次 NMF 尝试的平均值和标准偏差。

表 3.9　使用 NMF 一元模型后 TIDIGITS 上的无序误字率

R 维 NMF	11	12	15	25
UWER(%)	1.09±0.00	1.10±0.01	1.31±0.16	5.06±0.84

表 3.10　使用 NMF 二元模型（FeatSel-1）后 TIDIGITS 上的无序误字率

R 维 NMF	每帧的高斯分布数量 K	滞差 τ	UWER(%)	内存 (GB)
12	3	[2,3,5]	0.85±0.02	26
12	3	[2,3,5,7]	0.77±0.01	36
12	3	[2,5,9]	0.73±0.03	26
15	3	[2,5,9]	0.88±0.02	26
15	5	[2,5,9]	0.70±0.12	36

表 3.11　使用 NMF 三元模型（FeatSel-1 和 FeatSel-3）后 TIDIGITS 上的无序误字率

每帧的高斯分布数量 K	阈值 γ_v	滞差 τ_1	滞差 τ_2	UWER(%)	内存 (GB)
2	2.0e-1	[2,5]	[5,9]	7.60	30
2	1.5e-1	[2,5]	[5,9]	7.81	42
3	8.0e-1	[2,5]	[5,9]	6.35	35
3	5.0e-1	[2,5]	[5,9]	5.45	46
4	1.0e0	[2,5]	[5,9]	12.55	50

注：NMF 的维数 R 是 12。对于每个 K，我们在计算预算内选择和阈值一样小的数值来保留尽可能多的信息。

分解维数 R 会影响该模型的性能。维数等于或略大于数据集中模式的个数是一个不错的选择。在不含无关词汇的情况下，即所有词汇都需要被建模，$\mathbf{W}$ 的附加列可能已经没有必要了，这些列的存在会影响具有基础关联监督的 NMF 学习模型和 2.3 节中描述的特殊初始化。

从一元模型到二元模型，性能如预期那样得到了改进。从表 3.10 我们可以看出，每帧保留更多的高斯分布（从 $K=3$ 到 $K=5$）和更丰富的语境依赖关系（从 $\tau=[2,3,5]$到$\tau=[2,3,5,7]$）有助于获得更好的结果。但是，两者都会增加计算复杂度。

就记录的参数设置而言，三元模型并没有产生好的结果。随着每帧保留的高斯分布数量(K)越来越多以及阈值 γ_v 的减小，该模型的性能变得更好。但是，对于当前的模型和计算负载，它无法获得与二元模型一样好的性能。

2) 修剪高斯共现的 NMF 模型的结果

鉴于二元和三元组实验的高复杂度，有必要对高斯共现进行修剪。我们将由 $K=5$ 的 NMF 二元模型习得的模式矩阵 $\mathbf{W}$ 应用到 FeatSel-2 中，即通过对 $\left\{i \mid \sum_{k \in (\text{word patterns})} W_{i,k}\right\}$ 进行分类来选择前 M' 个激活的高斯共现。相关结果见表 3.12 和表 3.13。

在修剪高斯共现的同时，我们可以使用相同的计算预算来处理以较大 K 值生成的数据矩阵，即基于所选的高斯共现，每帧保留更多(重要)的高斯分布。与表 3.10 中的二元模型相比可以观察到这种改进。三元模型的表现仍然不是很理想。我们将在下一节中分析可能的原因。

表 3.12　修剪高斯共现的 NMF 二元模型(FeatSel-1 和 FeatSel-2)的无序误字率

每帧的高斯分布数量 K	All	5	5	10	20
高斯共现的数量 M'	10 000	100 000	400 000	1 000 000	400 000
UWER(%)	6.36	0.84	0.69	0.58	1.09
内存(GB)	1	1	4	36	45

表 **3.13**　修剪高斯共现的 **NMF** 三元模型(**FeatSel-1** 和 **FeatSel-2**)的无序误字率

每帧的高斯分布数量 K	5	5
高斯共现的数量 M'	10 000	100 000
UWER(%)	35.26	6.91
内存(GB)	2	22

3) 一元模型、二元模型和三元模型的结合

第一种尝试是将一元模型和二元模型相结合。一元+二元模型(UWER 0.73±0.03)与二元模型(UWER 0.79±0.02)的表现相似。两者的结合似乎没有使性能得到提升。随后，我们研究了二元模型和三元模型的结合是否比任何单个模型表现得都好。

在以上实验中，三元模型并没有产生预期的结果。因此，我们通过提供补充信息来查看它是否可以帮助改进组合模型中的二元模型。假设由二元模型构建的数据矩阵为 $\mathbf{V}^{(b)}$，由三元模型构建的数据矩阵为 $\mathbf{V}^{(t)}$，我们可以在公式(3.23)的 NMF 学习框架中将两个矩阵合并为一个大矩阵。

$$\begin{bmatrix} \mathbf{G} \\ \mathbf{V}^{(b)} \\ \mathbf{V}^{(t)} \end{bmatrix} = \begin{bmatrix} \mathbf{W}^{(g)} \\ \mathbf{W}^{(b)} \\ \mathbf{W}^{(t)} \end{bmatrix} \tag{3.23}$$

但是,性能没有得到提升,如表 3.14 所示。通过查看所获得的模式矩阵$\boldsymbol{W}=[\boldsymbol{W}^{(b)};\boldsymbol{W}^{(t)}]$,得出可能的原因如下:如果在表 3.15 的实验编号 1、3、4 中采用小阈值 γ_v,那么保留的三元特征比二元特征要少得多。三元特征几乎消失了。另一方面,一个较大的阈值使二元特征过于稀有,如表 3.15 中的实验编号 5 所示,这完全破坏了该模型的性能。考虑到这个事实,在高斯三元组上激活的分布很可能是高度不均匀的,其中只有少数几个对应静音或垃圾模式的三元组在数据矩阵 $\mathbf{V}$ 中获得了高值,而对应有意义单词模式的三元组太过稀有而无法被选为特征。有用三元组的稀有性可能是由于较大的阈值所致,但目前的计算预算无法应对阈值足够小的情况。另一个原因可能是高斯三元组在语音表示方面不是一个很好的声学特征,因为考虑到说话者和语境的变化,相同的语音单元可能拥有不同的高斯三元组实现方式。

表 3.14　二元+三元模型(FeatSel-1、FeatSel-2 和 FeatSel-3)的无序误字率

实验编号	二元部分			三元部分			阈值	UWER
	M'	K	τ	K	τ_1	τ_2	γ_v	(%)
1	400 K	5	[2,5,9]	1	[2,5]	[5,9]	1.0e-10	0.69
2	400 K	5	[2,5,9]	—	—	—	—	0.69
3	1 M	3	[2,5,9]	1	[2,5]	[5,9]	1.0e-10	0.62
4	1 M	10	[2,5,9]	1	[2,5]	[5,9]	1.0e-10	0.58
5	1 M	10	[2,5,9]	2	[2,5]	[5,9]	5.0e-1	4.91
6	1 M	10	[2,5,9]	—	—	—	—	0.58

表 3.15　学习模式矩阵的二元部分和三元部分的结合

实验编号	阈值 γ_v	二元		三元	
		$\boldsymbol{W}^{(b)}$ 中保留的行数 M'	激活 $\sum_{ik} W_{ik}^{(t)}$	$\boldsymbol{W}^{(t)}$ 中保留的行数	激活 $\sum_{ik} W_{ik}^{(t)}$
1	1.0e-10	1 200 000	6.1e0	48 817	3.1e-6
3	1.0e-10	2 679 225	6.2e0	48 817	2.0e-6
4	1.0e-10	2 999 989	6.0e0	48 817	1.3e-5
5	5.0e-1	12 960	4.5e-1	2 168 681	5.6e0

4) 少量高斯分布

上述实验告诉我们,计算复杂度和特征的稀有性使我们难以使用 BoF 表示中的高斯三元组作为特征对丰富的语境信息加以利用。为了证明保留足够数量三元组的多图模型比一元和二元模型表现更好，我们再次借助 HTK 将上述一元、二元和三元模型应用于由 CDHMM 训练的 100 个高斯分布的小集合[125]。我们选择 100 作为高斯分布的最大数量，采用三元模型的实验在我们的机器上是可行的。无序误字率见表 3.16。

表 3.16　来自 CDHMM 的带有 100 个高斯分布的 NMF 多图模型(FeatSel-1 和 FeatSel-3)的无序误字率

	每帧的高斯分布数量 K	阈值 γ_v	UWER(%)
一元	100	0	5.89
二元	10	0	1.42
三元	5	1.0e-1	0.94
HMM	—	—	0.55

考虑到无序误字率从一元模型到包含 100 和 3 628 个高斯分布的二元模型的大幅下降，我们可以发现二元模型包含非常重要的语境信息。包含 100 个高斯分布的三元模型甚至更接近 HMM 基线。但是，较大数量的高斯分布和较低的阈值可能会进一步优化这一结果。需注意的是，提供给 CDHMM 和 NMF 的监督是不同的，其中第一个是带有词序的训练语音的转录，而第二个仅表示语音中的哪些词。为了将丰富的语境信息纳入 NMF 模型，我们得注意特征的稀有性和计算复杂度。

通过比较从一元模型到二元模型获得的性能增益以及从二元模型到三元模型获得的性能增益，我们推测在增加语境依赖关系的同时，即使没有特征稀有性问题并提供足够的计算资源，模型的性能也存在限制。

3.4　小结

在本章中，我们将多码本技术、多个异步分析时间尺度和丰富的语境依赖关系应用于拟建的 NMF 学习框架。前两种方法已被证明可以通过硬 VQ 和单一分析尺度有效改善 NMF 的基线。对性能的提升表明在未来的工作中，这些方法可以作为改进语音表示的有效选择。

我们试图回答的一个问题是，NMF 相对于 HMM(在辅音识别和关键词识别方面)相对较差的性能是否来自模型结构或语音表示。我们将来自预训练的 CDHMM 的高斯分布作为码字来测试这一点。为了获得丰富的语境表示，除了带有高斯分布的一元模型和带有高斯共现的二元模型外，我们还评估了带有高斯三元组的三元模型。从一元模型到二元模型，我们可以观察到显著的性能提升。然而，由于需要巨大的计算负载，三元组的想法只能通过少量高斯分布给出预期结果。通过监督训练，NMF 的性能接近 HMM 基线。

第4章 用于无监督模式发现的图正则化 NMF

鉴于利用第3章介绍的多视图声学表示直接建模的词汇有一定的局限性，我们可能需要一个多层模型，其以可重用单元作为中间层来连接声学观测（底层）和基础词汇（顶层）。然而，学习器并不能明确了解这些中间单元代表的含义，所以有限的监督信息只能在顶层工作，而中间层只能以无监督的方式工作。在本章中，我们将使用 NMF 探索语音模式的无监督发现。

无监督 NMF 学习与 BoF 表示已成功应用于其他研究领域。然而，BoF 表示通过频率分布来描述特征关系，其中所有特征“都被聚集在一起”，无论其发生的顺序如何。噪声观测和 NMF 优化中的非凸性可能导致不佳的局部最优解或产生无意义的模式。因此，在本章中我们建议施加额外的约束条件，比如时间临近性，以限制无监督的 NMF。本章中，NMF 的学习过程是无监督的，基础关联信息只被用来评估发现的模式，二者结合在一起的总体分层模型将作为后续工作来展开。

4.1 使用 NMF 的无监督模式发现

基于训练数据的矩阵表示 $\mathbf{V}$，公式（4.1）中的无监督 NMF 可用于通过公式（4.1）中 $\mathbf{V}$ 的低阶近似来发现重复模式：

$$\min_{\boldsymbol{W},\boldsymbol{H}} \mathcal{F}_0(\mathbf{V}\|\boldsymbol{W},\boldsymbol{H}) \tag{4.1}$$

其中，$\mathcal{F}_0$ 是代价函数（我们在任务中采用相对熵，简称 KLD），$\boldsymbol{W}$ 是尺寸为 $M\times R$ 的模式矩阵，$\boldsymbol{H}$ 是尺寸为 $R\times N$ 的权重矩阵，它是训练语音中获得的词汇模式的系数，M、N 分别是特征和语音的数量，$R(\ll M,N)$ 是模式的数量或原始数据矩阵的缩减维数。$\mathbf{V}$、$\boldsymbol{W}$ 和 $\boldsymbol{H}$ 中的所有元素都是非负的。有了这种特性，反复出现的非负模式通常具有可解释的物理意义：每条语音即 $\mathbf{V}$ 的每列都被建模为 $\boldsymbol{W}$ 的列即模式的叠加组合。

如图 4.1 所示，给定一组训练数据，NMF 的目标是找到一些基本向量 $\boldsymbol{W}_k$（模式），其凸组合（只有正向权重）应尽可能覆盖训练数据。随后，在测试数据上对所学习的 $\boldsymbol{W}_k$ 进行评估。如果能够覆盖测试数据，则证明它们是正确和有用的模式。

然而，在 BoF 表示中，一个序列被压缩为一个向量，该向量忽略反映数据结构的特征之间可能的依赖或关系。如图 4.2 所示，两个不同的序列可产生相同的 BoF 表示。

在文本处理问题中，特征（文本词）顺序会在文档检索的主题模型中丢失[119]。不同的特征（视觉词）可以代表图像中相似的视觉内容[63]。音频信号可以通过习得的字典中的特征（频谱向量）的线性组合来表示，但特征的时间结构被忽略[80]。文献[113]中的语音表示是短时声学共现的特征包，因此长时的时间顺序会随着语音序列转换成 BoF 表示而丢失。

为了表达数据中的结构信息，人们已提出很多技术，通过施加特征、模式或语音（数据矩阵 $\boldsymbol{V}$ 的列）之间的关系，使原始的 NMF 模型正则化。这些模型和原始 NMF 模型之间的差异是额外的约束条件，如下文所述。设 α、β 和 λ 为加权约束条件的正则化参数。统计先验用于约束模型的解，例如文献[49]中的稀疏性约束 $\alpha\sum_{i,r}W_{i,r}+\beta\sum_{r,n}H_{r,n}$ 或文献[74]中一个具有全协方差矩阵 $\boldsymbol{J}$ 的多元拉普拉斯分布 $\mathcal{L}(\boldsymbol{H}|\lambda,\boldsymbol{J})$ 对 $\boldsymbol{H}$ 中元素的依赖关系进行建模。文献[117]对时间上接近的语音 $\lambda\sum_{n=2}^{N}(H_{r,n}-H_{r,n+1})^2$ 之间的模式激活概率的缓慢变化进行约束。需注意，这种约束仅适用于连贯的语音，例如从长音频文件中通过滑动窗口剪切下来的短时连续语音。源于低秩重构梯度 $\boldsymbol{WH}$ 的约束，即 $\lambda|\nabla\boldsymbol{WH}|^2$，被用于维持文献[128]中的局部拓扑结构。为了获得稀疏编码，利用习得的模式之间的相似点或相异点，例如文献[96]中 $\boldsymbol{W}$ 的任意两列之间的对称相对熵和文献[110]中 $\boldsymbol{W}$ 的任意两列之间余弦距离的二次函数。通过考虑文献[66]中导致 $\alpha\sum_{i,r}W_{i,r}-\beta\sum_{r,n}H_{r,n}$ 约束的 $\boldsymbol{W}$ 和 $\boldsymbol{H}$ 的正交约束，研究空间局部化和基于部分的表示。使用数据样本的邻接图，以保持在由文献[15，36，122，120，40]中的模式所张成的投影低秩空间中样本的紧密度，通常具有诸如 $\lambda\mathrm{Tr}(\boldsymbol{HLH}^{\mathrm{T}})$ 的形式，其中 Tr 是矩阵的迹，$\boldsymbol{L}$ 是图拉普拉斯算子，详见 4.2.1 节。

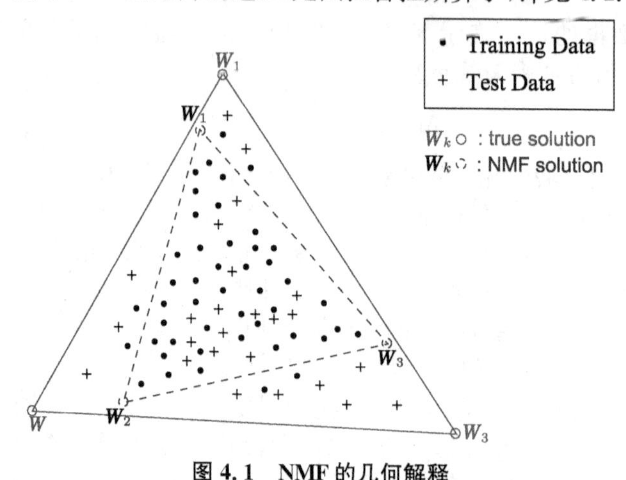

图 4.1　NMF 的几何解释

假设该数据由“部分”的非负组合生成的，则该“部分”作为基础向量，是真实解。无监督 NMF 试图尽可能找到基础向量来覆盖训练数据。一组较好的解也应该很好地覆盖测试数据。

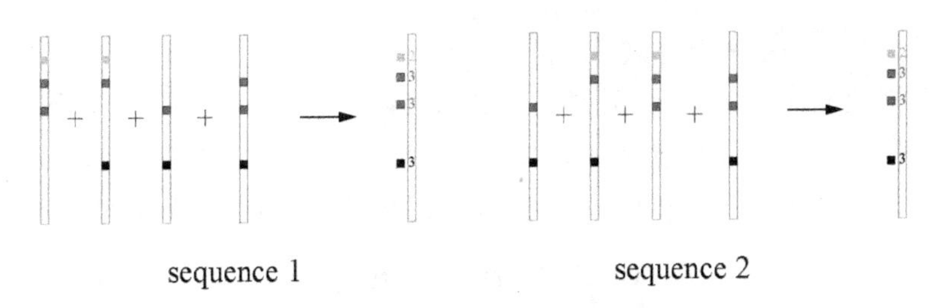

图 4.2 引入特征邻接关系的动机

由于构建 BoF 时向量的出现顺序消失，两个不同的序列可能具有相同的 BoF 表示。

在这些技术中，特征邻接的图描述，似乎适合于在使用 NMF 进行语音模式发现的任务中提供码字的时间紧密度信息。实际上，除了共现以外诸如特征三元组这样的高阶语境依赖关系也可以反映长时的时间关系。然而第 3 章中的实验表明，包含三元组的 NMF 学习模型受到繁重的计算负载影响。在本章中，我们研究了一种表达更强时间关系的不同方法：图形邻接。此外，这个公式提供了一个通用框架，用于表达时间以外的特征关系。

4.2 图正则化 NMF

在本节中，我们将用公式表示图正则化 NMF 问题，然后推导出一个有效的算法来解决该问题[105]。

4.2.1 图论简介

一个图形由顶点和边构成。边反映了顶点之间的邻接关系：如果两个顶点相邻，则两个顶点间边的权重为正；否则，权重为零。因此，可以用矩阵 $\boldsymbol{U}$ 来唯一地描述图形，$\boldsymbol{U}$ 的行和列指代顶点，而元素 $U_{i,j}$ 表示顶点 i 到顶点 j 的邻接权重。$U_{i,j}$ 为非负值。数值越大，顶点 i 和顶点 j 越邻近。一个图形可以是有向图也可以是无向图。在有向图中，$U_{i,j}$ 通常不等于 $U_{j,i}$，即 $j \rightarrow i$ 不同于 $i \rightarrow j$。在无向图中，$U_{i,j} = U_{j,i}$ 永远成立，即 $\boldsymbol{U}$ 是对称的。通常情况下，去除自循环以只考虑不同顶点间的关系。因此，$\boldsymbol{U}$ 的对角元素设置为 0。在本文中，我们使用的是对称图邻接矩阵。

一个顶点的度反映该顶点与其他顶点的连接强度，它是通过累加顶点的领接数来计算的。使用对角矩阵 $\boldsymbol{D}$ 来存储含元素 $D_{i,i} = \sum_j U_{i,j}$ 的顶点的度。最终，创建一个称为图拉普拉斯算子(graph Laplacian)的变量，来概括邻接矩阵和度矩阵：$\boldsymbol{L} = \boldsymbol{D} - \boldsymbol{U}$。

4.2.2 图正则化

图正则化的作用是确保邻接特征在模式 $\boldsymbol{W}_k$（$\boldsymbol{W}$ 的第 k 列）中有几乎相同的激活概率。假设我们从某些边信息中得到特征的对称邻接矩阵 $\boldsymbol{U}$，并将其表示成无向图拉普拉斯算子 $\boldsymbol{L}$。将第 k 列的图约束函数定义为公式(4.2)中的形式[18]。

$$\boldsymbol{W}_k^{\mathrm{T}}\boldsymbol{L}\boldsymbol{W}_k = \sum_{u,v}(W_{u,k} - W_{v,k})^2 U_{u,v} \tag{4.2}$$

其中，u、v 是特征索引。

公式(4.3)给出了图正则化 NMF 模型的目标函数。$\mathcal{F}_0$ 是相对熵，是 NMF 的常用目标函数[64]，特别是在高维计数数据和泊松噪声的情况下[94,31]。

$$\begin{aligned} \min_{\boldsymbol{W},\boldsymbol{H}} \quad & \mathcal{F}_0(\boldsymbol{W}\|\boldsymbol{W},\boldsymbol{H}) + \lambda\,\mathcal{F}_1(\boldsymbol{W}) \\ \text{s. t.} \quad & \boldsymbol{W} \geqslant 0, \boldsymbol{H} \geqslant 0, \sum_i W_{i,k} = 1 \end{aligned} \tag{4.3}$$

其中，$\mathcal{F}_1(\boldsymbol{W}) = \mathrm{Tr}(\boldsymbol{W}^{\mathrm{T}}\boldsymbol{L}\boldsymbol{W}) = \sum_{i,j,k}(W_{i,k} - W_{j,k})^2 U_{i,j}$ 是图正则化部分的代价函数。

文献[15]中也提出了用于 NMF 图正则化的模型。一种是使用具有欧氏距离的图约束来正则化基于弗罗贝尼乌斯范数的 NMF，如下所示：

$$\min_{\boldsymbol{W},\boldsymbol{H}} \frac{1}{2}\|\boldsymbol{V} - \boldsymbol{W}\boldsymbol{H}\|_F^2 + \lambda\mathrm{Tr}(\boldsymbol{H}\boldsymbol{L}\boldsymbol{H}^{\mathrm{T}}) \tag{4.4}$$

另一种是使用具有对称相对熵的图约束来正则化基于相对熵的 NMF，如下所示：

$$\min_{\boldsymbol{W},\boldsymbol{H}} \mathcal{F}_0(\boldsymbol{V}\|\boldsymbol{W},\boldsymbol{H}) + \lambda\sum_k\sum_{n,n'}\left(H_{k,n}\log\frac{H_{k,n}}{H_{k,n'}} + H_{k,n'}\log\frac{H_{k,n'}}{H_{k,n}}\right)U_{n,n'} \tag{4.5}$$

通过转置，$\boldsymbol{W}$ 的行（$\boldsymbol{V}\approx\boldsymbol{W}\boldsymbol{H}$）张成的空间和 $\boldsymbol{H}$ 的列（$\boldsymbol{V}^{\mathrm{T}}\approx\boldsymbol{H}^{\mathrm{T}}\boldsymbol{W}^{\mathrm{T}}$）张成的空间可通过同样手段来实施图正则化约束。归纳起来，我们的工作在以下三方面与文献[15]存在不同之处：

1）正则化项不同

显而易见，$\mathcal{F}_1(\boldsymbol{W})$ 中的最小化欧氏距离明确要求邻接特征在 $\boldsymbol{W}$ 中取值接近，也可以容忍 $\boldsymbol{W}$ 中的元素为零或很小的值。但数字零在对称 KLD 中是不允许的，必须添加一个很小的数值以避免除以零这种错误的出现。然而，$W_{i,k}$ 的微小变化会给包含 $W_{i,k}$ 的图正则项，如 $W_{i',k}\log(W_{i',k}/W_{i,k})$，带来很大的变化（当 $W_{i',k}$ 为非零值的时候）。因此，正则项的范围很难合理限制或施加权重。当 $U_{i,i'}>0$ 时，在 $W_{i,k}\approx W_{i',k}$ 的约束条件下，对数项用泰勒展开近似为线性项[15]。但是只有当 $\boldsymbol{W}$ 的解已经接近符合图邻接所要求的约束时，这个近似才成立。可这种近似本身就是正则化所要达到的目标。

2）解的归一化

该技术与处理缩放模糊性或平凡解的问题相关。NMF 的目标函数是将 $\boldsymbol{WH}$ 与 $\boldsymbol{V}$ 进行比较的一个度量。$\boldsymbol{H}$ 和 $\boldsymbol{S}^{-1}\boldsymbol{H}$ 的缩放可以弥补对角矩阵 $\boldsymbol{S}$ 和 $\boldsymbol{WS}$ 对 $\boldsymbol{W}$ 的列所做的任何缩放，以便 $\boldsymbol{WH}$ 在公式(4.3)中保持不变[64]。因此，这样的缩放可以用于使 $\mathcal{F}_1(\boldsymbol{W})$（即将 $\boldsymbol{S}$ 中的值变得很小）最小化，同时 $\mathcal{F}_0$ 保持不变，这意味着 $\mathcal{F}_1$ 可能消失并且不再有效地表达图邻接的结构。这个问题在文献[40]中被称为尺度转换问题。一个临时解决方案是在每个 NMF 迭代中对 $\boldsymbol{W}$ 施加额外的归一化。这也是我们要采用和改进的地方。

3）不同的迭代更新公式，为大规模计算提供了一种有效的算法

对于用于最小化公式(4.3)的算法，我们必须考虑至少三种特性：非负性、收敛性和有效性。使用特定步长 $\eta=\frac{\boldsymbol{W}^t}{\nabla^+\boldsymbol{W}^t}$ 导出的梯度下降算法，在将加性更新 $\boldsymbol{W}=\boldsymbol{W}^t-\eta(\nabla^+\boldsymbol{W}^t-\nabla^-\boldsymbol{W}^t)$ 转换为乘性更新 $\boldsymbol{W}=\frac{\nabla^-\boldsymbol{W}^t}{\nabla^+\boldsymbol{W}^t}W^t$ 时，可能会失败。这里，$\nabla^+\boldsymbol{W}$ 和 $\nabla^-\boldsymbol{W}$ 关于 $\boldsymbol{W}$ 的目标函数的导数的正部和负部。使用这种技巧，非负性通常可以保留下来，但是收敛性没办法保证。实际上，因为正则项的关系，这种更新与 Lee 和 Seung 最初推导的某些辅助函数的稳定点不一致[65]。作为一种替代方法，我们可以自适应地选择合适的步长，以确保目标函数值的非负性和非增加性[117,128,41]。一些技术使用辅助函数来推导合适的更新算法，其中大部分受到了文献[65]的启发。对于一个给定的目标函数，有无数个辅助函数，但是要想找到一个合适的辅助函数并不简单。辅助函数的适用性取决于其凸性和计算稳定点的易处理性。

4.2.3　算法

在本节中，我们推导出 $\boldsymbol{W}$ 的非负更新算法来解决公式(4.3)定义的优化问题，同时确保 $\boldsymbol{W}$ 的列的收敛性和 ℓ_1 归一化。非正则项 $\boldsymbol{H}$ 的更新算法与文献[65]中的相同。

1）辅助函数的构建

定义 4.1　如果 $\mathcal{A}(\boldsymbol{W},\boldsymbol{W}^t)$ 是 $\mathcal{F}(\boldsymbol{W})$ 的辅助函数，则它满足如下条件：

$$\mathcal{A}(\boldsymbol{W},\boldsymbol{W}^t)\geqslant\mathcal{F}(\boldsymbol{W}),\quad \mathcal{A}(\boldsymbol{W}^t,\boldsymbol{W}^t)=\mathcal{F}(\boldsymbol{W}^t) \tag{4.6}$$

其中，$\mathcal{F}(\boldsymbol{W})=\mathcal{A}_0(\boldsymbol{V}\|\boldsymbol{W},\boldsymbol{H})+\lambda\mathcal{F}_1(\boldsymbol{W})$。如果 $\mathcal{A}(\boldsymbol{W},\boldsymbol{W}^t)$ 是 $\mathcal{F}(\boldsymbol{W})$ 的辅助函数，那么在更新 $\boldsymbol{W}^{t+1}=\mathrm{argmin}_{\boldsymbol{W}}\mathcal{A}(\boldsymbol{W},\boldsymbol{W}^t)$ 的条件下，$\mathcal{F}(\boldsymbol{W})$ 不会增加[65]。

我们首先定义公式(4.7)中关于$\boldsymbol{W}$的目标函数,其中$\widetilde{W}_{ik}=W_{ik}/\sum_i W_{ik}$是归一化的$\boldsymbol{W}$。

$$\mathcal{F}(\mathbf{V}\|\widetilde{\boldsymbol{W}}\boldsymbol{H})=\mathcal{F}_0(\mathbf{V}\|\widetilde{\boldsymbol{W}}\boldsymbol{H})+\lambda\,\mathcal{F}_1(\widetilde{\boldsymbol{W}}) \tag{4.7}$$

上述目标函数$\mathcal{F}(\mathbf{V}\|\widetilde{\boldsymbol{W}}\boldsymbol{H})$的辅助函数在公式(4.8)中构建[65,24]:

$$\mathcal{A}(\widetilde{\boldsymbol{W}},\widetilde{\boldsymbol{W}}^t)=A_0(\widetilde{\boldsymbol{W}},\widetilde{\boldsymbol{W}}^t)+\lambda\,\mathcal{A}_1(\widetilde{\boldsymbol{W}},\widetilde{\boldsymbol{W}}^t) \tag{4.8}$$

其中,$\mathcal{A}_0$和$\mathcal{A}_1$分别是$\mathcal{F}_0$和$\mathcal{F}_1$的辅助函数,如公式(4.9)和(4.10)所示:

$$\begin{aligned}\mathcal{A}_0(\widetilde{\boldsymbol{W}},\widetilde{\boldsymbol{W}}^t)=&\sum_{i,j}(V_{ij}\log V_{ij})+\sum_{i,k,j}\widetilde{W}_{ik}H_{kj}-\\&\sum_{i,k,j}\frac{V_{ij}\widetilde{W}^t_{ik}H_{kj}}{\sum_l\widetilde{W}^t_{il}H_{lj}}\left(\log\widetilde{W}_{ik}H_{kj}-\log\frac{\widetilde{W}^t_{ik}H_{kj}}{\sum_l\widetilde{W}^t_{il}H_{lj}}\right)\end{aligned} \tag{4.9}$$

$$\mathcal{A}_1(\widetilde{\boldsymbol{W}},\widetilde{\boldsymbol{W}}^t)=\sum_{i,k}D_{ii}\widetilde{W}^2_{ik}-\sum_{i,k,j}U_{ij}\widetilde{W}^t_{ik}\widetilde{W}^t_{jk}\left(1+\log\frac{\widetilde{W}_{ik}\widetilde{W}_{jk}}{\widetilde{W}^t_{ik}\widetilde{W}^t_{jk}}\right) \tag{4.10}$$

很明显,$\mathcal{A}(\widetilde{\boldsymbol{W}},\widetilde{\boldsymbol{W}}^t)\geqslant\mathcal{F}(\mathbf{V}\|\widetilde{\boldsymbol{W}}\boldsymbol{H})$和$\mathcal{F}(\widetilde{\boldsymbol{W}}^t,\boldsymbol{W}^t)=\mathcal{F}(\mathbf{V}\|\widetilde{\boldsymbol{W}}^t\boldsymbol{H})$来自文献[65]和[24]。因此,$\mathcal{A}(\widetilde{\boldsymbol{W}},\widetilde{\boldsymbol{W}}^t)$是$\mathcal{F}(\mathbf{V}\|\widetilde{\boldsymbol{W}}\boldsymbol{H})$的辅助函数。

上述定义可以解释如下:$\boldsymbol{W}$的任意列,比如$\boldsymbol{W}_k$,首先投影到超平面$\|\boldsymbol{W}_k\|_1=1$,然后计算其目标函数和辅助函数。我们现在将公式(4.7)中的$\mathcal{F}(\mathbf{V}\|\widetilde{\boldsymbol{W}}\boldsymbol{H})$和公式(4.8)中的$\mathcal{A}(\widetilde{\boldsymbol{W}},\widetilde{\boldsymbol{W}}^t)$(在归一化变量$\widetilde{\boldsymbol{W}}$的基础上定义)扩展为$\widetilde{\mathcal{F}}(\mathbf{V}\|\boldsymbol{W}\boldsymbol{H})=\mathcal{F}(\mathbf{V}\|\widetilde{\boldsymbol{W}}\boldsymbol{H})$和$\widetilde{\mathcal{A}}(\boldsymbol{W},\widetilde{\boldsymbol{W}}^t)=\mathcal{A}(\widetilde{\boldsymbol{W}},\widetilde{\boldsymbol{W}}^t)$(在所有变量$\boldsymbol{W}$的基础上定义)。$\widetilde{\mathcal{A}}(\boldsymbol{W},\widetilde{\boldsymbol{W}}^t)$仍然是$\widetilde{\mathcal{F}}(\mathbf{V}\|\boldsymbol{W}\boldsymbol{H})$的辅助函数。$\widetilde{\mathcal{A}}(\boldsymbol{W},\widetilde{\boldsymbol{W}}^t)$的凸性仅在$\ell_1$超平面$\|\boldsymbol{W}_k\|_1=1,\forall_k$上得到保证,因此$\widetilde{\mathcal{A}}(\boldsymbol{W},\widetilde{\boldsymbol{W}}^t)$将沿着$\ell 1$超平面在$\boldsymbol{W}$上最小化,如图4.3所示,这可以通过下一节中$\widetilde{\boldsymbol{W}}$和$\boldsymbol{W}$之间的雅可比矩阵实现。

2)计算稳定点

方程(4.11)中给出了$\widetilde{\mathcal{A}}(\boldsymbol{W},\widetilde{\boldsymbol{W}}^t)$关于$\boldsymbol{W}$的梯度:

$$\frac{\partial\,\widetilde{\mathcal{A}}(\boldsymbol{W},\widetilde{\boldsymbol{W}}^t)}{\partial W_{ik}}=\sum_s\frac{\partial\,\mathcal{A}(\widetilde{\boldsymbol{W}},\widetilde{\boldsymbol{W}}^t)}{\partial\widetilde{W}_{sk}}\frac{\partial\widetilde{W}_{sk}}{\partial\widetilde{W}_{ik}} \tag{4.11}$$

其中,$\dfrac{\partial\widetilde{W}_{ik}}{\partial\widetilde{W}_{sk}}=\dfrac{1}{\sum_t W_{tk}}(\delta_{is}-\widetilde{W}_{sk})$,$\delta_{is}$是克罗内克符号。设$\dfrac{\partial\,\widetilde{\mathcal{A}}(\boldsymbol{W},\boldsymbol{W}^t)}{\partial W_{ik}}=0$,得到方程(4.12):

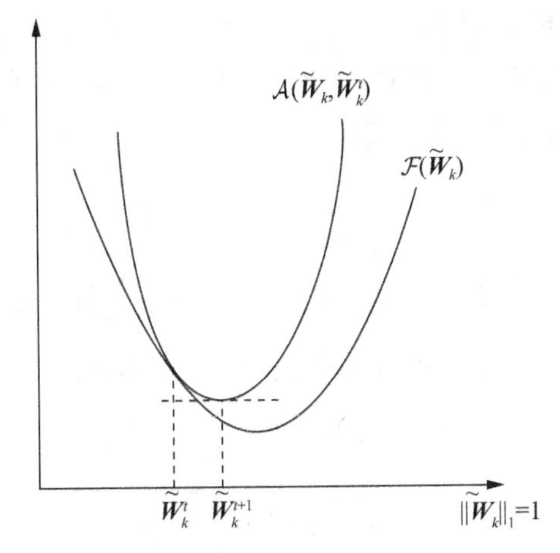

图 4.3

图示说明通过使用辅助函数$\mathcal{A}(\widetilde{\boldsymbol{W}}_k, \widetilde{\boldsymbol{W}}_k^t)$最小化目标函数$\mathcal{F}(\widetilde{\boldsymbol{W}}_k)$，其中 $\widetilde{\boldsymbol{W}}_k^t$ 是上一次迭代的解。两个函数都在超平面$\|\widetilde{\boldsymbol{W}}_k\|=1$上进行定义。$\mathcal{A}(\widetilde{\boldsymbol{W}}_k, \widetilde{\boldsymbol{W}}_k^t)$通常被选为凸函数，其稳定点 $\widetilde{\boldsymbol{W}}_k^{t+1}$ 易于计算。可以直观地看到$\mathcal{F}(\widetilde{\boldsymbol{W}}_k)$从 $\widetilde{\boldsymbol{W}}_k^t$ 优化至$\widetilde{\boldsymbol{W}}_k^{t+1}$，目标函数值得到了降低。

$$\left[-\frac{B_{ik}}{\widetilde{W}_{ik}}+\sum_s B_{sk}+C_k\left(1-\sum_s \widetilde{W}_{sk}\right)+2\lambda D_{ii}\widetilde{W}_{ik}-\right.$$
$$\left.2\lambda\sum_s D_{ss}\widetilde{W}_{sk}^2-2\lambda\frac{E_{ik}}{\widetilde{W}_{ik}}+2\sum_s E_{sk}\right]\frac{1}{\sum_s W_{sk}}=0 \tag{4.12}$$

其中，$B_{ik}=\sum_j V_{ij}\frac{W_{ik}^t H_{kj}}{\sum_b W_{ib}^t H_{bj}}$，$C_k=\sum_j H_{kj}$，$E_{ik}=(UW^t)_{ik}W_{ik}^t$。$\boldsymbol{D}$和$\boldsymbol{U}$分别是该图的度矩阵和邻接矩阵。需注意的是，在约束条件$\sum_s W_{sk}=1$和$\sum_s \widetilde{W}_{sk}=1$(确保$\widetilde{\mathcal{A}}$为凸面）下，$W_{sk}$ 和$C_k\left(1-\sum_s \widetilde{W}_{sk}\right)\widetilde{W}_{ik}$ 在内的所有项都被消除。对于 $\widetilde{W}_{ik}>0$，方程用公式(4.13)中的归一化 $\widetilde{\boldsymbol{W}}$ 表示：

$$2\lambda\left(\sum_s D_{ss}\widetilde{W}_{sk}^2\widetilde{W}_{ik}+E_{ik}-\sum_s E_{sk}\widetilde{W}_{ik}\right)+B_{ik}-\sum_s B_{sk}\widetilde{W}_{ik}-2\lambda D_{ii}\widetilde{W}_{ik}^2=0 \tag{4.13}$$

通过遍历 i 对方程(4.13)求和，对于任何 k，可以得到如下方程：

$$\left(\sum_s B_{sk}-2\lambda\sum_s D_{ss}\widetilde{W}_{sk}^2+2\lambda\sum_s E_{sk}\right)\left(\sum_i \widetilde{W}_{ik}-1\right)=0 \tag{4.14}$$

因此，方程(4.13)的解可以确保 ℓ_1 归一化，对于几乎所有 λ 而言，$\sum_i \widetilde{W}_{ik}=1$。

3）方程(4.13)的迭代解

方程(4.15)中构建迭代算法以求解方程(4.13)。如果关于 n 迭代收敛，极限 $\lim_{n\to\infty}\widetilde{W}_{ik}^{(n)}$ 将是方程(4.13)的解，其中 $\widetilde{W}_{ik}^{(0)}=\widetilde{W}_{ik}^{t}$。

$$a_i[\widetilde{W}_{ik}^{(n+1)}]^2+b_k^{(n)}\widetilde{W}_{ik}^{n+1}-c_{ik}=0 \tag{4.15}$$

其中，$a_i=2\lambda D_{ii}$，$b_k^{(n)}=\sum_s B_{sk}-2\lambda\sum_s D_{ss}[\widetilde{W}_{sk}^{(n)}]^2+2\lambda\sum_s E_{sk}$，$c_{ik}=B_{ik}+2\lambda E_{ik}\geqslant 0$。

我们将 $\boldsymbol{W}$ 的行索引集 I 分成 I_1 组($a_i>0$)和 I_2 组($a_i=0$)。对于 $i\in I_1$，二次方程的正根是更新后的 $\widetilde{W}_{ik}^{(n+1)}$，如下所示：

$$\widetilde{W}_{ik}^{(n+1)}=\frac{-b_k^{(n)}+\sqrt{[b_k^{(n)}]^2+4a_ic_{ik}}}{2a_i} \tag{4.16}$$

对于 $i\in I_2$(即 $D_{ii}=0$，对应于图中的孤立顶点)，方程(4.15)降解为线性方程(4.17)，方程的解为 $\widetilde{W}_{ik}^{(n+1)}=\frac{c_{ik}}{b_k^{(n)}}$：

$$b_k^{(n)}\widetilde{W}_{ik}^{(n+1)}-c_{ik}=0 \tag{4.17}$$

当 $b_k^{(n)}\leqslant 0$ 时，由于 $W_{ik}^{(n+1)}$ 是非负数，所以稳定点不是可行解。因此，局部最优解在分界线 $W_{ik}^{(n+1)}=0$ 上，这意味着在这种情况下，孤立顶点不会分组到任何模式或集群中。与其对应的情况是 λ 的值非常大，即图正则化支配优化过程，因此 $W_{ik}^{(n+1)}=0$ 对于孤立顶点是合理的。另外，我们还需要额外的归一化(如附录 A 中证明的情况 4 中所示)将超平面从 $\sum_{i\in I_1}W_{ik}^{(n+1)}=\text{Constant}>1\Big[$如主要的 $\sum_{i\in I_2}W_{ik}^{(n+1)}<0$ 和 $\sum_{i\in i}W_{ik}^{(n+1)}=1\Big]$ 转变为 $\sum_{i\in I_1}W_{ik}^{(n+1)}=\sum_{i\in I}W_{ik}^{(n+1)}=1$。

在 $\lambda=0$ 的情况下，$b_k^{(n)}=b_k^{(0)}=\sum_s B_{sk}$，其解在方程(4.18)中，与文献[65]中的完全一致，其中先计算 $W_{ik}=B_{ik}$，再对 $\widetilde{W}_{ik}=\frac{W_{ik}}{\sum_s W_{sk}}$ 进行归一化。

$$\widetilde{W}_{ik}=\frac{B_{ik}}{\sum_s B_{sk}} \tag{4.18}$$

整体算法见算法 4.1，方程(4.13)的迭代解的证明见附录 A。这一算法被称为 L1GNMF，以便于与文献[15]中的算法区分，后者被称为 GNMF。L1GNMF 所涉及的操作是按矩阵元素进行加法、乘法、除法和求平方根，简单有效且可并行。在我们的数值实验中，最多 $N_2=5$ 次迭代就足以计算每个 NMF 迭代中稳定点的计算收敛性。

```
input: V,R,N1,N2,λ,D,U,W,H,t=0
output: W,H
X=2*λ*diag(D)^T*1_{1×R},
I1={i|X_{i,1}>0},I2={i|X_{i,1}==0};
while t<N1 do
 | F=V⊘(W*H)
 | H←(W^T*F)⊙H
 | F=V⊘(W*H)
 | Y=((F*H^T)+2*λ*(U*W))⊙W,n=0
 | while n<N2 do
 |  | Z=∑_s Y_{s,:}-2*λ*diag(W^T*D*W)
 |  | Z←1_{M×1}*Z
 |  | W_{I1,:}←sqrt(Z^2_{I1,:}+4*X_{I1,:}⊙Y_{I1,:})-Z_{I1,:}
 |  | W_{I1,:}←W_{I1,:}⊘X_{I1,:}
 |  | W_{I2,:}←max{Y_{I2,:}⊘Z_{I2,:},0}
 |  | J={k|Z_{1,k}≤0}
 |  | if J is not empty then
 |  |  | W_{:,J}←W_{:,J}*(diag(∑_i W_{i,J}))^{-1};
 |  | end
 |  | n←n+1
 | end
 | t←t+1
end
```

算法 4.1　L1GNMF 的更新算法

4.3　语音模式发现的实验和结果

在本节中，我们根据语音数据库 TIDIGITS 评估 NMF、GNMF 和 L1GNMF 的算法。为了实现 GNMF，我们采用文献[14]所提供的软件。

我们使用 TIDIGITS 数据库的一个子集来评估本文所提出的算法。为了提高模型的复杂度，没有使用只含有一个单词的语音，而是选择 6 026 条包含至少两个单词的语音。测试集中的 1 001 条语音用于评估算法。目标是无监督地发现一组语音模式(单词)。

首先从训练数据的 MFCC+Δ+ΔΔ 向量无监督地训练包含 M 个分量的高斯混合模型。随后,采用与 3.3 节中介绍的相同的方法,将这些语音表示为高斯分布包(一元)和高斯共现包(二元)的形式。

4.3.1 邻接矩阵的构建

一元特征包的表示在形成后验概率总和后,使语音中的时序信息变得松散。唯一保留的时序信息是一元模型中 Δ 和 ΔΔ 特征中描述的(非常局部的)动态趋势。在二元模型中,定向共现较大程度上模拟了语音的连续属性。由 NMF 发现的模式($\boldsymbol{W}$ 的列)也使用 BoF 表示作为输入数据。这些 BoF 模式可能包含训练数据中互斥的特征激活,这与我们认为模式与词汇相对应的预期相矛盾。这种解的出现可能是因为局部极值、噪声数据或非唯一性问题所致。高斯分布和高斯共现的图邻接矩阵将分别用于约束 NMF 一元模型和二元模型,从而得到将邻接特征放在同一种模式中的解。

1) 一元模型的邻接矩阵

如图 4.4(a)所示,高斯分布的时间邻接从语音帧的邻接处获得。从训练集中生成邻接矩阵 $\boldsymbol{U}$ 的过程如下:

(1) 给定一条语音且语音帧的高斯分布后验概率 $\boldsymbol{X}_t$,从高斯混合模型中为每一帧选择 $Nbest$ 个具有较高概率的高斯分布。在图 4.4(a)中,为每帧(代表所有高斯后验分布列表的矩形条)保留概率最高的 $Nbest=3$ 个高斯分布(黑点)。

(2) 如果 $|s-t|=p$,则帧 $\boldsymbol{X}_s$ 和 $\boldsymbol{X}_t$ 被称为是 p -近似的。将两个 p -近似帧的概率高最高的 $Nbest$ 个列表上的高斯分布连接起来。一些连接(曲线和直线)如图 4.4(a)所示,其中 $p=0,1,2$。

(3) 对于一个固定的 p,其邻接矩阵 $\boldsymbol{U}^{(p)}$ 是通过计算训练语音中所有 p -近似帧的高斯连接获得的($|s-t|=p$)。然后,$\boldsymbol{U}^{(p)}$ 的对角元素被设置为零以消除自循环。通过 $\boldsymbol{U}^{(p)}=\boldsymbol{U}^{(p)}+[\boldsymbol{U}^{(p)}]^{\mathrm{T}}$ 使 $\boldsymbol{U}^{(p)}$ 对称,从而将定向边变为无向边。

(4) 通过对所有 $\boldsymbol{U}^{(p)}$:$\boldsymbol{U}=\sum_{p=0}^{P}\boldsymbol{U}^{(p)}$ 进行求和,得到某些已选 P 的邻接矩阵。

2) 二元模型的邻接矩阵

接下来我们介绍如何建立图 4.4(b)中高斯共现或高斯对的无向图。首先,要定义帧对($\boldsymbol{X}_t$,$\boldsymbol{X}_{t+2}$)和($\boldsymbol{X}_{t+1}$,$\boldsymbol{X}_{t+3}$)的邻接关系。假设一个帧对的时间特性是由其头帧给出(分别为 $\boldsymbol{X}_t$ 和 $\boldsymbol{X}_{t+1}$),即两个帧对是否相邻是由它们的第一帧决定的。如果两个头帧的间距小于 P 帧,我们可以说这两个帧对是相邻的。如果两个高斯对出现在两个相邻帧对的高斯对的 $Nbest(\leqslant K^2)$ 个列表中,则它们是相邻的。两个高斯对的总邻接频率是训练集语音的所有相邻帧对上的累积。

所获得的滞差 τ_i 和 τ_j 定义的共现邻接矩阵包含在矩阵 $\boldsymbol{U}^{(ij)}$ 中。因此,对于三个滞差,最终的邻接矩阵 $\boldsymbol{U}$ 将拥有 9 个区组,如方程(4.19)所示。

$$\boldsymbol{U}=\begin{bmatrix}\boldsymbol{U}^{(11)} & \boldsymbol{U}^{(12)} & \boldsymbol{U}^{(13)}\\ \boldsymbol{U}^{(21)} & \boldsymbol{U}^{(22)} & \boldsymbol{U}^{(23)}\\ \boldsymbol{U}^{(31)} & \boldsymbol{U}^{(32)} & \boldsymbol{U}^{(33)}\end{bmatrix} \tag{4.19}$$

对于**一元模型**和**二元模型**,由于邻接矩阵是由包含大量不确定性或语音变化的数据组成,因此实际上所获得的邻接矩阵中,并非所有的连接特征都是预期理想模式中的相邻元素。为了消除虚假的邻接关系,使模型更为稳健,我们使用阈值 Γ 以使 $\boldsymbol{U}$ 稀疏且合理,如下所示:

$$\boldsymbol{U}\leftarrow\boldsymbol{U}>\Gamma \tag{4.20}$$

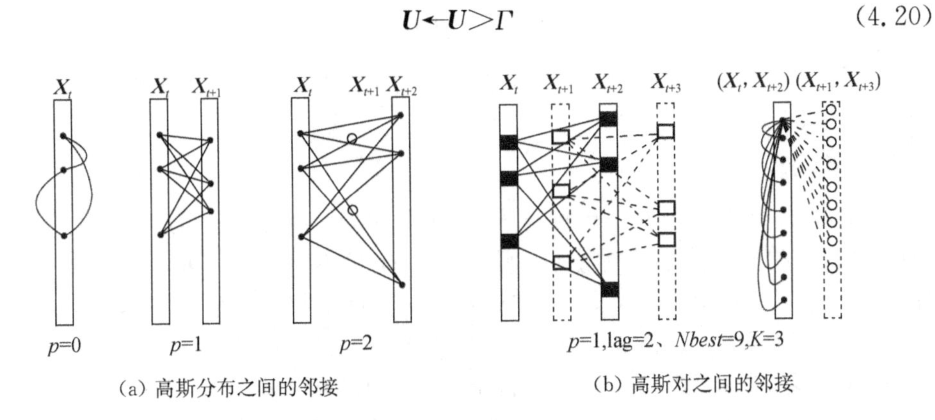

图 4.4　特征邻接示意图

在以上两张图中,黑点和圆圈是定义邻接关系所需的特征。$\boldsymbol{X}_t$ 是高斯分布上帧 $\boldsymbol{O}_t$ 的后验概率。p 和 P 是定义邻接关系的参数。$Nbest$ 和 K 是控制稀疏度的参数。滞差是定义高斯共现的参数。

度矩阵 $\boldsymbol{D}$ 的对角元素是 $\boldsymbol{U}$ 的列和。关于二元模型上的 L1GNMF 的细节见文献[103]。

4.3.2　评估方法

在数据矩阵 $\boldsymbol{V}$ 的基础上,图拉普拉斯算子为 $\boldsymbol{L}=\boldsymbol{D}-\boldsymbol{U}$,可以使用算法 4.1 估算 $\boldsymbol{W}$ 和 $\boldsymbol{H}$。在测试集的评估阶段,第 n 条测试语音 $\boldsymbol{V}'_n$ 被解释为已获得模式的线性组合 $\boldsymbol{W}$:$\boldsymbol{V}'_n\approx\boldsymbol{W}\boldsymbol{H}'_n$。对于测试集中的所有语音,通过求解方程(4.21)中的凸优化问题来估算系数矩阵 $\boldsymbol{H}'$:

$$\min_{\boldsymbol{H}'}F_0(\boldsymbol{V}'\|\boldsymbol{W}\boldsymbol{H}') \tag{4.21}$$

其中,$\boldsymbol{V}'$ 是测试集的数据矩阵。

从 $\boldsymbol{H}'$ 计算评价指标并不是一个简单的问题,因为在 $\boldsymbol{W}$ 中获得的模式没有在无监督训练过程中被标记过。因此,我们估算了一个分析映射矩阵 $\boldsymbol{Q}$,用于解释已获得的模式。假设训练数据的一个子集以基础关联矩阵 $\boldsymbol{G}$ 的形式被标记：如果已知语音 d_n 包含第 l 个词汇 k 次，则 $G_{l,n}=k$；否则，$G_{l,n}=0$，其中 $l=1,2,\cdots,L$ 且 L 是基础关联词的数量。通过求解方程(4.22)中的凸优化问题，从而获得所得模式与基础真值之间的映射矩阵 $\boldsymbol{Q}$：

$$\min_{\boldsymbol{Q}}\mathcal{F}_0(\boldsymbol{G}\|\boldsymbol{QH}) \tag{4.22}$$

其中，$\boldsymbol{H}$ 是训练数据子集的模式激活概率，从训练阶段获得。需注意的是，在无监督的情况下仍然可以获得 $\boldsymbol{W}$，并且 $\boldsymbol{G}$ 仅用于估算分析映射 $\boldsymbol{Q}$，以便可以直观地解释结果。

随后我们使用映射矩阵 $\boldsymbol{Q}$ 通过方程(4.23)计算测试语音 $\hat{\boldsymbol{G}}'$ 中的单词激活估算值：

$$\hat{\boldsymbol{G}}'=\boldsymbol{QH}' \tag{4.23}$$

通过比较 $\hat{\boldsymbol{G}}'$ 和 $\boldsymbol{G}'$ 来估算该模型的性能，以获得无序误字率(UWER)，如2.3.2节所述。

4.3.3 参数设置与结果

每帧的分析窗长为 25 ms，帧移为 10 ms。对于一元模型，高斯分布的数量为 $M=500$。在构建邻接矩阵时，只有概率最高的 $Nbest=4$ 个高斯分布得以保留。邻域参数为 $P=3$ 帧(30 ms)，这意味着我们只考虑不超过一个英文单词发音时长的高斯分布的邻接关系。对于方程(4.20)中的二元邻接矩阵，我们需要估计一个阈值。假设不同的模式拥有不同的特征(这里的高斯分布，二元模型中的高斯共现)，有效特征邻接的频率下限应该不低于训练数据集中模式的平均频率。将来自男性和女性说话者的词汇当作不同的模式，该数据集中一个模式的平均频率是 6 026(语音数)/11(数字数)/2(性别数)≈275。对于此一元模型，我们在实验中采用 $\Gamma=200$。算法 4.1 中主迭代次数为 $N_1=500$。表 4.1 列出了一元模型的结果。我们进行了 5 次试验，每次测试都采用随机初始化。

GNMF 中的正则化参数为 $\lambda=1$，分解维数为 $R=30$，该组合已经经过调优，如后文的图 4.7 所示。由于 GNMF 算法运行缓慢，所以我们没有针对每种情况调整 λ。

在二元模型中，高斯分布的数量为 $M=200$。对于每一帧，最多保留 $K=3$ 个高斯分布。帧对的滞差分别为 20 ms、50 ms 和 90 ms，这表示不同时间尺度的语境依赖性。因此，特征总数为 3×200^2。对于邻接模型，每个帧对保留概率最高的 $Nbest=4$ 个高斯对，邻域参数为 $P=3$ 帧(30 ms)。我们通过和上面一样的方式，获取形成邻接矩阵的阈值参数 Γ 的合理值。由于高估阈值最差会导致邻接过于稀疏而退化成标准 NMF，但不会造成负面的影响，因此我们在这个二元模型中保守地采用稍大的阈值 $\Gamma=300$。表 4.2 列出了从 5 次随机初始化中得到的二元模型的结果。鉴于 GNMF 中较高的维度和较高的计算预算，我们只记录了 NMF 和 L1GNMF 的结果。

表 4.1　在 TIDIGITS 上使用一元模型(500 个高斯分布)的 NMF、GNMF 和 L1GNMF 的无序误字率

	$R=20$	$R=25$	$R=30$	$R=40$	$R=50$
NMF	13.69±2.96	7.61±2.27	4.05±1.69	3.13±1.07	2.83±0.30
GNMF $\lambda=1$	13.42±2.51	5.25±2.12	3.28±1.93	3.45±0.98	3.04±0.50
L1GNMF $\lambda=100$	6.62±1.99	2.73±0.51	2.64±0.12	2.63±0.08	2.68±0.15

表 4.2　在 TIDIGITS 上使用二元模型(200 个高斯分布)的 NMF、GNMF 和 L1GNMF 的无序误字率

	$R=20$	$R=25$	$R=30$	$R=50$
NMF	13.93±0.99	8.71±0.95	5.91±1.98	2.88±0.10
L1GNMF,$\lambda=100$	10.43±1.06	4.12±1.45	2.39±0.30	2.20±0.08

4.3.4　结论

从上述无监督 NMF 学习模型中可以发现,最佳的 UWER 是 2.20%。所以即使在没有关键词监督并使用无监督聚类高斯分布的情况下,L1GNMF 也能获得良好的结果。从表 4.1 和表 4.2 可以观察到,通过为 TIDIGITS 数据库中的每个单词寻找更为准确的语音表示,L1GNMF 总是优于 NMF 和 GNMF。GNMF 未能改进表 4.1 中一元模型上的 NMF。GNMF 因其复杂度而无法为 TIDIGITS 解决二元模型中的优化问题。图 4.7 显示了在 TIDIGITS 上使用一元模型的 GNMF 在 λ 大于 1 时的性能,证明 $\lambda=1$ 的选择是合理的。

然而,根据文献[15]中关于 λ 的 GNMF 更新算法的连续性,采用 λ 较小的性能接近 NMF 的性能。GNMF 的行为值得进一步的实验分析,详见 4.3.5 节。

在读取所有三种算法关于 R 的 UWER 变化,我们发现了两个有趣的趋势。一个是 UWER 最陡的下降发生在 $R=20$ 和 $R=25$ 之间。当 $R>25$ 时,我们只观察到缓慢的改进。这意味着 $R=25$ 时的模型几乎足以模拟底层数据结构。由于 11 个数字的英文发音由男性和女性声音组成,因此该数据的维数可能是 22,的确处于 20 到 25 之间。另一个是在大维数 $R=50$ 的情况下,三种算法都表现良好。这可以通过 4.3.2 节中无监督 NMF 算法的评估方法来解释,其中任何测试语音都是通过已发现模式的线性组合重构而成。更多的模式提供更多的重构选择,这不会影响方程(4.21)中的近似值。

4.3.5　GNMF 和 L1GNMF 的比较

为了简化实验,我们使用来自 3.3 节中 HMM 监督训练的 $M=3\ 628$ 个高斯分布来开展语音数据实验。这些高斯分布拥有特定的结构,我们构建相应的 HMM,使得这些高斯分布在 HMM 状态之间不被共享。所以每个数字由高斯分布的子集表示,$\boldsymbol{W}$ 的列与方程(1.14)中的 GMM 的高斯权重矩阵有很强的联系。

因此我们称之为 oracle 高斯分布。鉴于每个高斯分布都与某个隐状态相关且该状态又与一个数字相联系的性质，因此在图正则化中施加的特征聚类变得比 4.3 节中的更加容易。表 4.3 罗列了这三种算法的性能。有了这些特征，GNMF 在 R 的某些选择方面明显优于 NMF。GNMF 和 L1GNMF 的正则化参数 λ 是根据 $R=30$ 的情况调优的，最佳值适用于所有 R。

在这一组实验上 GNMF 在精确度方面取得了良好的结果，我们将通过分析 GNMF 和 L1GNMF 的优化过程，并将其与使用 oracle 高斯分布的实验进行比较，来讨论这个问题。

表 4.3　在 TIDIGITS 上使用 oracle 高斯分布的 NMF、GNMF 和 L1GNMF 的无序误字率

模式 R 的数量	20	25	30	40	50
NMF	13.37±2.02	5.05±1.62	2.25±1.66	1.48±0.16	1.50±0.18
GNMF $\lambda=100$	10.03±1.39	2.43±1.23	1.85±1.02	1.48±0.12	1.40±0.09
L1GNMF $\lambda=1\,000$	10.75±2.06	4.30±2.02	1.49±0.25	1.43±0.08	1.44±0.15

1) ℓ_1 归一化

省略特征模式矩阵 $\boldsymbol{W}$ 的列归一化的后果是，矩阵的平均值会变得越来越小，且需要更多的迭代次数，如图 4.5 中每次迭代时 $\boldsymbol{W}$ 的列和的均值所示。其结果就是产生一些经过多次迭代后只有很少或无特征激活的平凡模式。因此，对于用于获得表 4.1、表 4.3 和表 4.7 的 GNMF 算法，在每次迭代时对 $\boldsymbol{W}$ 的列进行归一化，将其替换为 $\boldsymbol{WS}$，此时 $\boldsymbol{S}=\mathrm{diag}\left(1\Big/\sum_i W_{i,1},\cdots,1\Big/\sum_i W_{i,R}\right)$。$\boldsymbol{H}$ 由 $\boldsymbol{S}^{-1}\boldsymbol{H}$ 反比例缩放。

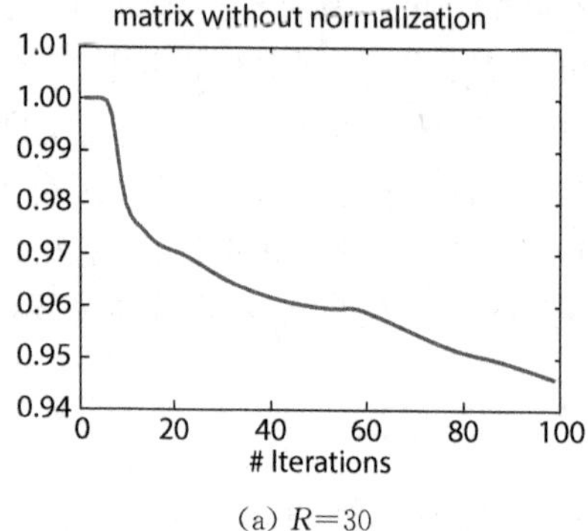

(a) $R=30$

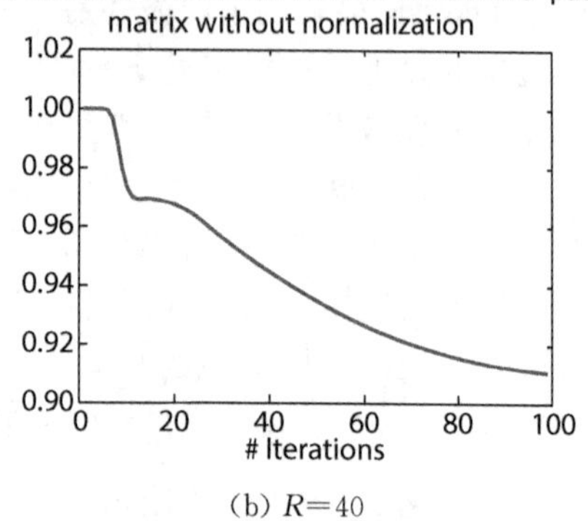

(b) $R=40$

图 4.5　$\lambda=1\,000$ 且采用 oracle 高斯分布时，未对 GNMF 的模式矩阵 W 的列进行归一化的结果

每次迭代中 $\boldsymbol{W}$ 的列和的均值随着迭代次数的增加变得越来越小，这可能产生一些平凡模式 $\boldsymbol{W}_k=0$。

2）收敛性

由于缩放问题要求归一化，有时目标函数的单调递减会被破坏，如图 4.6(a)和图 4.6(b)所示。因此，收敛性在理论上和数值上都难以保证。不过，目标函数在 L1GNMF 中确实呈单调递减趋势，如图 4.6(c)所示。

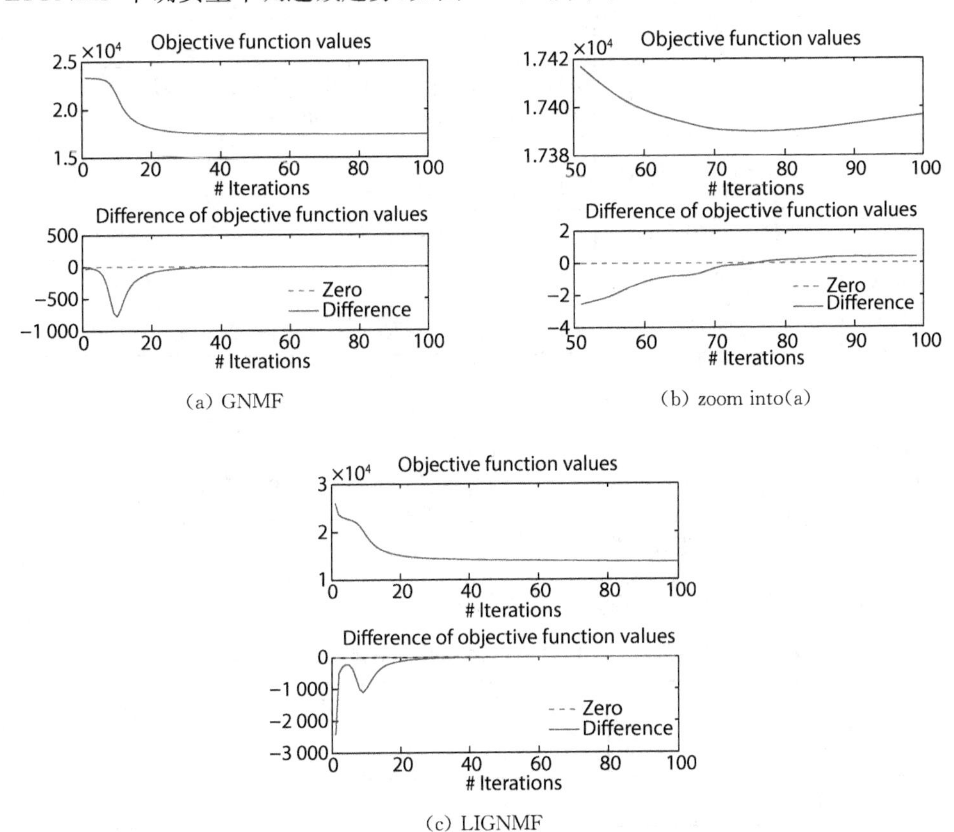

(a) GNMF　　(b) zoom into(a)

(c) LIGNMF

图 4.6　LIGNMF 与 GNMF 收敛效果对比图

当 $R=30$，$\lambda=10\ 000$ 且采用 oracle 高斯分布时，GNMF 和 L1GNMF 的目标函数值和目标函数值的差异。GNMF 中目标函数的单调递减被每次迭代的归一化所破坏。L1GNMF 就不存在这样的问题。

3）复杂度

表 4.4 显示 NMF、GNMF 和 L1GNMF 的每次迭代所需的算术运算次数，其中 NMF 和 GNMF 的计数来自文献[15]。详细分析见表中第 2 行至第 5 行，最后一行对主项进行了总结。为了进行直观比较，可以使 N_2 与 GNMF 中的共轭梯度(CG)迭代次数 q 相同[15]（文献[15]建议选择 $q=20$，但根据我们的经验，N_2 可以更小，我们使

用$N_2=5$)。因此可以直观地看到,L1GNMF 的复杂度为$O[(N+p+q)MR]$,小于GNMF 的复杂度$O[(N+q(p+4))MR]$。不同之处在于与$\boldsymbol{W}$更新有关的迭代次数。对于$\boldsymbol{W}$的每一列,GNMF 在每个 CG 处都有复杂度为$O({}_pM)$的矩阵-向量计算。

表 4.4　NMF、GNMF 和 L1GNMF 的每种主迭代的计算次数

	NMF	GNMF	L1GNMF
fladd	$4MNR+(M+N)R$	$4MNR+(2N+M)R+q(p+4)MR$	$4MNR+MRp+MR+N_2(2MR+2\bar{p}R+R)$
flmlt	$4MNR+(M+N)R$	$4MNR+(M+N)R+Mp+q(p+4)MR$	$4MNR+NR+MR+3MRp+N_2(4MR+3\bar{p}R)$
fldiv	$2MN+(M+N)R$	$2MN+NR$	$2MN+N_2MR$
flsqrt	0	0	$N_2\bar{p}R$
total	$O(MNR)$	$O((N+q(p+4))MR)$	$O((N+N_2+p)MR)$

注:fladd:浮点加法　flmlt:浮点乘法
fldiv:浮点除法　flsqrt:浮点平方根
N:语音数量　M:特征数量
R:模式数量　p:文献[1]中最近邻元素的数量
q:文献[1]中 CG 处的迭代次数　$\bar{p}$:正图度数的特征数量,$\bar{p}\leqslant M$
N_2:解决三阶方程组的迭代次数

表 4.5 中显示了实验所需的平均计算时间。

表 4.5　NMF、GNMF 和 L1GNMF 的 500 次迭代所需的 CPU 时间比较

算法	NMF	GNMF	L1GNMF
TIDIGIT,$R=20$	404	7 578	896
TIDIGIT,$R=25$	580	8 465	977
TIDIGIT,$R=30$	615	11 040	1 075

注:在 50 次随机测试中取数值(以秒为单位)的平均值。

4) 参数敏感度

模型中有两个关键参数:正则化参数λ和图邻接阈值Γ。图 4.7 显示了 GNMF 和 L1GNMF 关于这两个参数的敏感度。

在图 4.7(a)、图 4.7(b)和图 4.7(d)中可以观察到,L1GNMF 在几乎所有λ的尺度上均优于 NMF。较大的改进通常发生在10^2或10^3的尺度上。在 L1GNMF 中非常大的λ可能会产生不佳的性能。对于基于 TIDGITS(带一元模型)和采用盲聚类特征的 Caltech256 的实验,$\lambda=1$似乎是 GNMF 的安全选项,尽管它在 NMF 上没有显著改进。通过使用 oracle 特征,采用$\lambda=100$的 GNMF 可以显著改进 NMF。

在语音和视觉模式发现实验中，可以观察到 L1GNMF 在任何邻接阈值 Γ 时的表现均优于 *GNMF*。具有较小 Γ 的图邻接可能包含特征之间的错误邻接，这可以解释图 4.7(*c*)中 Γ 较小时差错率的增加。较大的 Γ 产生连通非常稀疏的图邻接矩阵，因此很少有特征被正则化，此时 L1GNMF 和 GNMF 的性能趋于相似。选择 Γ 的经验法则是 4.3 节和 4.4.1 小节中提出的样本数量与模式数量之比。

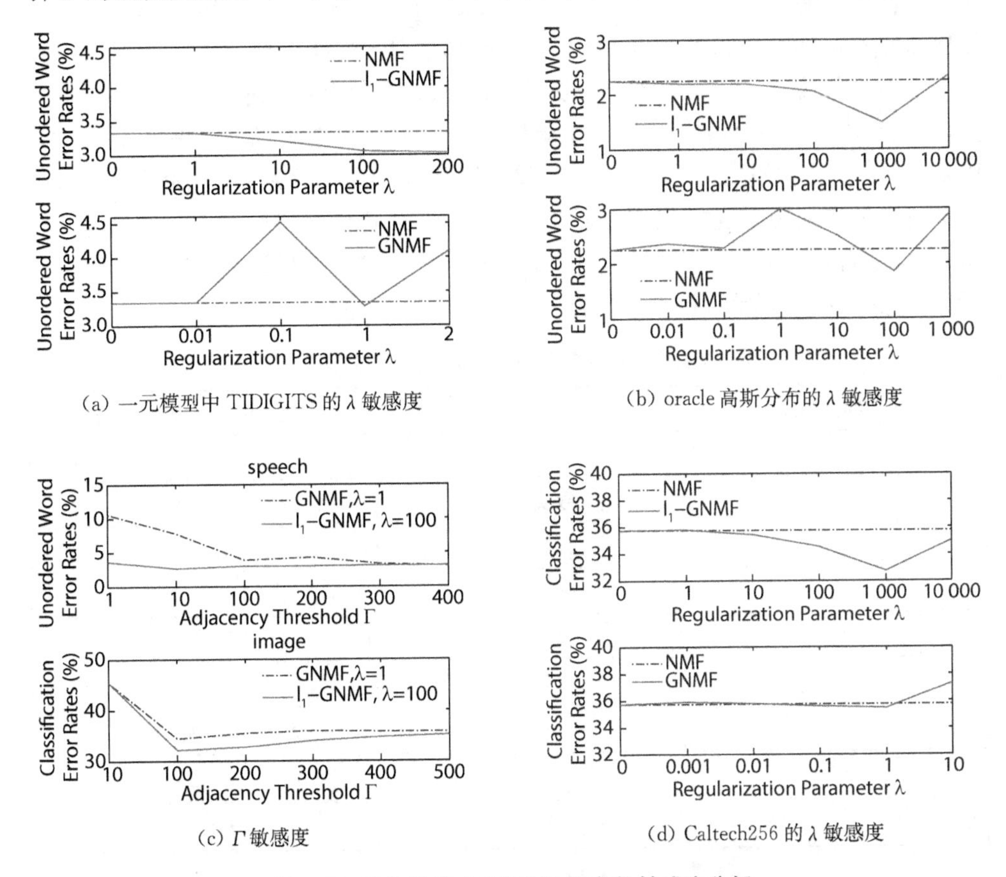

(a) 一元模型中 TIDIGITS 的 λ 敏感度　(b) oracle 高斯分布的 λ 敏感度

(c) Γ 敏感度　(d) Caltech256 的 λ 敏感度

图 4.7　GNMF 和 L1GNMF 的参数敏感度分析

(a) 语音：$R=30, \Gamma=300$。(b) oracle 高斯分布：$R=30, \Gamma=200$。(c) 语音(顶部)和图像(底部)：$R=30$。(d) 图像：$R=30, \Gamma=200$。这种分析为 GNMF 和 L1GNMF 中正则化参数的选择提供了证据。

4.4　其他数据库上 L1GNMF 的评估

在本节中，我们利用另外两个数据库将本文所提出的算法与 NMF 和 GNMF

进行比较，从而对该算法进行评估[15]。

4.4.1 Caltech256 中的视觉对象发现

本节根据模型发现的视觉对象在图像分类任务上进行对比。如表 4.6 所示，我们选择 Caltech256 数据库的一个 20 个类别的子集[111]。

1）图像的 BoF 表示

图像由尺度不变特征变换（Scale Invariant Feature Transform，SIFT）表示，通过提取图像的局部结构，克服由于尺度、光照和视角引起的变化[68]。该方法提取不同尺度的兴趣点，如图 4.8(a)中绘制的圆圈，并通过两种信息对其进行描述。第一种是坐落位置(x_t, y_t, r_t, o_t)，表明兴趣点由坐标(x_t, y_t)定位的位置、提取兴趣点的尺度 r_t 以及方向 o_t。在这里方向 o_t 可以忽略。第二种是直方图 e_t，这是一个 128 维向量，用于描述兴趣点周围灰度的变化。通过训练图像（彩色图像被转换为灰度图像）的 SIFT 描述符$\{e_t\}$的 k 均值聚类，我们可以获得 M 个被称为视觉词的集群。如下文所述，视觉词的出现统计数据可用作图像的 BoF 表示中使用的特征。

表 4.6　选自 Caltech256 的 20 个对象类别

类别编号	类别	训练/测试图像的数量
1	美国国旗	73/24
2	蕨类植物	80/26
3	法国号	68/23
4	豹子 101	143/47
5	PCI 卡	79/26
6	墓碑	68/23
7	飞机 101	600/200
8	钻戒	88/25
9	灭火器	63/21
10	双桅纵帆船 101	83/28
11	曼陀林	70/23
12	旋转拨号手机	63/21
13	比萨斜塔	68/23
14	脸简单 101	326/108
15	骰子	72/24
16	烟火	75/25

续表 4.6

类别编号	类别	训练/测试图像的数量
17	虎鲸	68/22
18	摩托车 101	600/200
19	轮盘赌	63/21
20	斑马	71/24

随后使用视觉词对训练和测试集的描述符进行向量量化。Soft-VQ 方法被用于使用视觉词来标记兴趣点。对于每个兴趣点 e_t，选择前 K 个视觉词和相关分数作为描述符。假设第一个 $K+1$ 欧氏距离(按升序排序)为 $z_{i_1}, z_{i_2}, \cdots, z_{i_{K+1}}$，则第 k 个视觉词的分数被定义为 $e^{-z_{i_k}/z_{i_{K+1}}}$。所保留视觉词的所有分数随后在每个保留的视觉词中转变为 0 和 1 之间的数值，如下所示：

$$p(f_{i_k}; e_t) = \frac{e^{-\frac{z_{i_k}}{z_{i_{K+1}}}} - e^{-1}}{1 - e^{-1}}, \quad 1 \leqslant k \leqslant K+1 \tag{4.24}$$

其中，f_{ik} 是第 i_k 个视觉词，e_t 是兴趣点。第 $K+1$ 个分数通常为零，因此我们仅为描述符 e_t 保留前 K 个视觉词。通过将所有视觉词上总和为 1 的分数归一化，我们可以将其解释为视觉词上描述符 e_t 的后验概率：$Pr(f_{ik} | e_t)$。如方程(4.25)所示，通过累积第 j 个图像 I_j 上所有描述符的后验概率，可以用视觉词包表示一个图像：

$$V_{ij} = \sum_{e_t \in \mathcal{I}_j} Pr(f_i | e_t), \quad i = 1, \cdots, M \tag{4.25}$$

在训练集上生成 $\mathbf{V}_{M \times N}$。

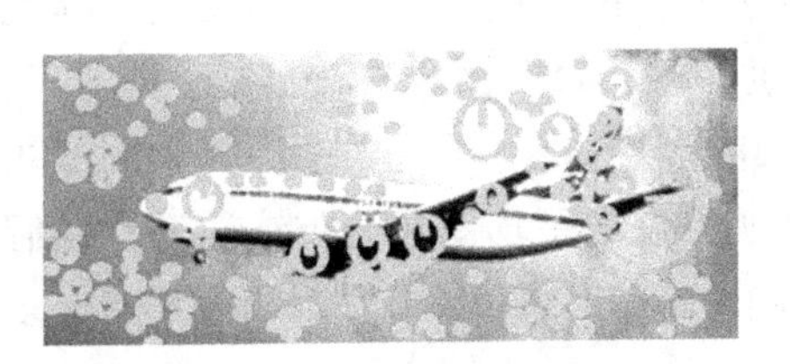

(a) SIFT 点的图示

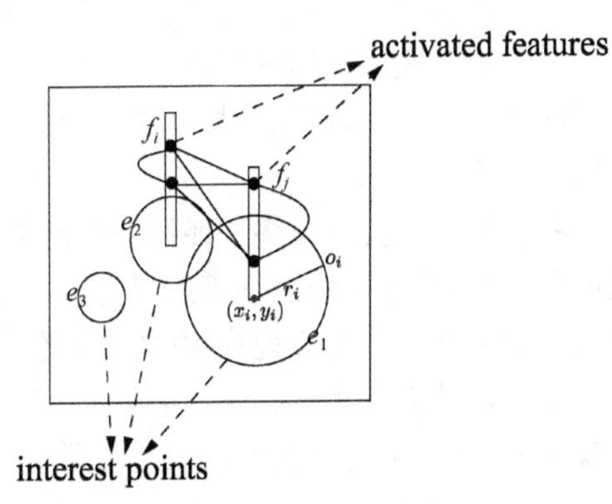

(b) 邻接的定义

图 4.8　SIFT 特征之间图邻接的定义

根据(a)中的不同尺度提取 SIFT 点，所以 SIFT 点的邻接取决于尺度和(b)中两个中心之间的距离。

2) 特征的空间邻接

如果$\frac{\sqrt{(x_1-x_2)^2+(y_1-y_2)^2}}{r_1+r_2}<1.1$，即如果两个描述符$(x_1, y_1, r_1, o_1)$和$(x_2, y_2, r_2, o_2)$足够接近其尺度，则这两个描述符相互邻接。据此，每个描述符也与其自身相邻。为每个描述符选择具有高分数的 $Nbest$ 个视觉词。这一过程如图 4.8(b)所示，其中 $Nbest=2$，圆圈表示描述符，矩形条表示由视觉词标记的兴趣点，小黑点形成视觉词的 $Nbest$ 列表，线条表示已保留视觉词的连接。两个相邻描述符的 $Nbest\times Nbest$ 个视觉词是相邻的[在图 4.8(b)中连接]。通过在训练数据图像的所有相邻描述符上累加视觉词的邻接频率获得邻接矩阵 $\boldsymbol{U}$。然后将对角元素设置为零。通过 $\boldsymbol{U}\leftarrow\boldsymbol{U}+\boldsymbol{U}^{\mathrm{T}}$ 使其对称，再通过 $\boldsymbol{U}\leftarrow\boldsymbol{U}>\Gamma$ 使其变成布尔矩阵，其中 Γ 是阈值。度数矩阵 $\boldsymbol{D}$ 是对角矩阵，其中对角元素等于 $\boldsymbol{U}$ 的列和；图拉普拉斯算子 $\boldsymbol{L}=\boldsymbol{D}-\boldsymbol{U}$。

在我们的模型中空间紧密度被用于任何给定的视觉词集，这不同于文献[36]和[121]中的模型，在文献[36]和[121]中，局域斑块(在我们的术语中是图像)的空间紧密度被用作训练特定视觉词集的约束条件。

3) 视觉对象发现和图像分类的结果

对于每个类别，3/4 的图像用于训练，剩下的 1/4 数据用于测试。表 4.6 列出了训练和测试图像的数量。

我们使用文献[116]中的软件及默认参数提取 SIFT 特征和训练视觉词。用于标记描述符的视觉词数量为 $K=3$。计算视觉词邻接度的参数为 $Nbest=3$。使图邻接矩阵 $\boldsymbol{U}$ 变为布尔矩阵的阈值为 $\Gamma\geqslant$训练图像的数量/类别的数量$=2\,835/20$。对此，我们的基本假设仍然是，某个图像类别的特征邻接在该类别的任何图像中至少出现一次。我们采用稍大的阈值 $\Gamma=200$ 来避免噪声造成的虚假邻接。视觉词的数量是 $M=2000$，正则化参数是 $\lambda=1\,000$。模型关于 λ 和 Γ 的灵敏度在图 4.7 中进行了分析。

我们使用分类错误率来评估视觉对象发现的性能。测试集的基础关联矩阵元素的估计值 $\hat{G}'_{l,n}$表示图像 n 属于类别 l 的程度。因为每个图像只属于一个类别，我们将图像 n 指派到对应列 $\hat{\boldsymbol{G}}'_n$ 中激活概率最大的类别，将分类错误率计算为测试图像分类错误的百分比。表 4.7 记录了 5 次随机测试的平均图像分类错误率。我们调整了 GNMF 的正则化参数以获得最佳精确度。Caltech256 上 L1GNMF 的更多细节见文献[101]。

表 4.7　Caltech256 上 NMF、GNMF 和 L1GNMF 的分类错误率

模式 R 的数量	25	30	40	50	60
NMF	37.68±0.44	35.75±0.80	34.54±0.61	34.42±0.72	33.75±0.39
GNMF $\lambda=1$	35.55±0.82	35.47±0.87	33.79±0.53	33.08±0.43	33.02±0.49
L1GNMF $\lambda=1\ 000$	34.69±1.37	32.72±1.10	32.24±1.32	30.16±0.77	30.50±0.34

4.4.2　TDT2 的文档聚类

我们还进行了 TDT2 语料库(话题检测与跟踪)实验[15]。TDT2 语料库由 1998 年上半年收集的数据组成,来自 6 大数据源,其中包括 2 条新闻专线(APW、NYT)、2 个电台节目(VOA、PRI)和 2 个电视节目(CNN、ABC)。该语料库由 11 201个主题文档组成,这些文档被分为 96 个语义类别。在此次文档聚类实验中,我们删除了出现在两个或多个类别中的文档,仅保留了最大的 10 个类别,因此总共留下 $N=7\ 456$ 个文档。

为了比较 GNMF 和 L1GNMF,我们使用文献[14]中提供的数据矩阵 $\boldsymbol{V}$。该数据矩阵由检索词(文本词)频率组成,该频率按其逆文档频率(tf-idf)加权。特征的数量即检索词或文本词的数量为 $M=36\ 771$。图邻接矩阵 $\boldsymbol{U}_{N\times N}$通过使用文献[14]中提供的代码为每个文档取 $P=7$ 个最近邻元素来计算。$R=10$ 为模式数量(此任务中为文档类别),设为文档类别的 oracle 数量。

通过以下修改将我们的算法用于 TDT2 数据库,并与文献[14]中的模型进行比较。

1) 具有归一化割权的三因子分解

我们更新原始的 L1GNMF 模型,使其适用于文档聚类问题,如下所示:

$$\begin{aligned}&\min_{\boldsymbol{W},\boldsymbol{S},\boldsymbol{H}}\ \mathrm{KLD}(\boldsymbol{V\Gamma}\|\boldsymbol{WSH\Gamma})+\lambda\mathrm{Tr}[(\boldsymbol{H\Gamma})(\boldsymbol{\Gamma}^{-1}\boldsymbol{L\Gamma}^{-1})(\boldsymbol{H\Gamma})^{\mathrm{T}}]\\&\text{s.t.}\quad\sum_j\gamma_jH_{k,j}=1,\forall k\end{aligned}\tag{4.26}$$

其中,$\boldsymbol{\Gamma}=\mathrm{diag}(\gamma_1,\cdots,\gamma_R)$在文献[14]中被称为文档的归一化割权(Normalized Cut Weight, NCW)。修改的动机如下:

(1) 三因子分解学习

概率模型从 $Pr(t_i|d_j)=\sum_k Pr(t_i|z_k)\mathrm{Pr}(z_k|d_j)$ 变为 $Pr(t_i|d_j)=\sum_k Pr(t_i|z_k)Pr(d_j|z_k)Pr(z_k)$。这是因为文本词或特征的数量远多于文档的数量,即 $\boldsymbol{V}$ 的行数远多于列数。为了使用 $\boldsymbol{H}^{\mathrm{T}}$ 的按列归一化将原始的 L1GNMF 模型应用于

$\boldsymbol{V}^{\mathrm{T}} \approx \boldsymbol{H}^{\mathrm{T}} \boldsymbol{W}^{\mathrm{T}}$，我们必须对 $\boldsymbol{V}$ 的行进行归一化。由于给定特征的相关文档的稀疏性，这将带来数值问题。此外，其对应的概率模型 $Pr(d_j|t_i) = \sum_k Pr(d_j|z_k)Pr(z_k|t_i)$ 也没有良好定义。

(2) 加权归一化

在归一化割权 Γ 的条件下，$\boldsymbol{H}$ 的归一化也像 $\sum_j \gamma_j H_{k,j} = 1$ 那样计算，使得所提的算法 L1GNMF 对于新定义的优化问题仍然可用。

通过 $\widetilde{\boldsymbol{V}}=\boldsymbol{V\Gamma}$，$\widetilde{\boldsymbol{H}}=\boldsymbol{H\Gamma}$ 和 $\widetilde{\boldsymbol{L}}=\boldsymbol{\Gamma}^{-1}\boldsymbol{L}\boldsymbol{\Gamma}^{-1}$ 的转换，方程(4.26)中的优化问题可转换为图正则化的非负矩阵三因子分解(GNMTF)问题，如下所示：

$$\begin{aligned} \min_{\boldsymbol{W},\boldsymbol{S},\widetilde{\boldsymbol{H}}} \quad & \mathrm{KLD}(\widetilde{\boldsymbol{V}} \| \boldsymbol{W}\boldsymbol{S}\widetilde{\boldsymbol{V}}) + \lambda \mathrm{Tr}(\widetilde{\boldsymbol{H}}\widetilde{\boldsymbol{L}}\widetilde{\boldsymbol{H}}^{\mathrm{T}}) \\ \text{s. t.} \quad & \sum_j \widetilde{H}_{k,j} = 1, \forall k \end{aligned} \tag{4.27}$$

更新 $\boldsymbol{W}$ 时，可以将 $\boldsymbol{S}\widetilde{\boldsymbol{H}}$ 放在一起，并使用常规的 NMF 算法。更新 $\boldsymbol{H}$ 时，可以将 $\boldsymbol{WS}$ 放在一起，并通过转换方式应用 L1GNMF。$\boldsymbol{S}$ 的更新是 $\boldsymbol{S} \leftarrow \boldsymbol{S} \odot \{\boldsymbol{W}^{\mathrm{T}} * [\widetilde{\boldsymbol{V}} \oslash (\boldsymbol{W} * \boldsymbol{S} * \widetilde{\boldsymbol{H}})] * (\widetilde{\boldsymbol{H}})^{T}\}$。在更新迭代结束时，通过像 $\boldsymbol{H\Gamma}^{-1}$ 那样的尺度变换来获取 $\boldsymbol{H}$。然后如后文所述，将 $\boldsymbol{H}$ 用于评估。

2) 初始化和参数

k 均值初始化。在文献[14]的 GNMF 中应用的初始化选择：在 $\boldsymbol{V}$ 的列上执行 k 均值聚类以获得充当 $\boldsymbol{W}$ 的初始列和 $\boldsymbol{H}$ 中系数的聚类中心。在 L1GNMF 中，$\boldsymbol{H}$ 缩放至 $\widetilde{\boldsymbol{H}}$，与 $\boldsymbol{W}$ 一起令方程(4.27)初始化。我们使用 β 次 NMF 迭代来更新 $\{\boldsymbol{W}, \widetilde{\boldsymbol{H}}\}$，获得一个代价值。重复上述 k 均值处理 α 次，并使用 β 次迭代选择方程(4.27)中代价最低的 $\boldsymbol{W}$ 和 $\widetilde{\boldsymbol{H}}$，然后继续 NMF 迭代 $N_1-\beta$ 次。

较大的 $\boldsymbol{N_1}$。N_1 是 NMF 主迭代的次数。在每次迭代比 L1GNMF 需要更多计算量的 GNMF 实验中，N_1 选择为 50，但在这里，由于计算速度较快，我们可以采用较大的 N_1 值，如 500。

表 4.8　TDT2 上 NMF、GNMF 和 L1GNMF 的性能

	R	α	β	N_1	CPU 时间(s)	错误率(%)
NMF	8	10	10	500	436	33.79±4.44
GNMF	8	10	10	50	6 060	16.97±4.37
L1GNMF	8	10	10	500	605	17.90±4.31
NMF	10	10	10	500	570	29.62±4.79
GNMF	10	10	10	50	7 793	13.43±3.77
L1GNMF	10	10	10	500	725	15.30±4.44

续表 4.8

	R	α	β	N_1	CPU 时间(s)	错误率(%)
NMF	12	10	10	500	1278	35.24±5.60
GNMF L1GNMF	12 12	10 10	10 10	50 500	89 49 1 524	13.30±4.10 14.61±5.04
NMF	15	10	10	500	1 331	40.50±5.38
GNMF L1GNMF	15 15	10 10	10 10	50 500	10 521 1 791	12.13±2.82 13.66±4.39

3) 评估

我们采用与文献[14]中相同的方法来评估 TDT2 数据库上的 GNMF 和 L1GNMF。首先将文档的维数从 M 减至 R，即从 $\boldsymbol{V}$ 减至 $\boldsymbol{H}$。随后应用 k 均值聚类将文档($\boldsymbol{H}$ 的列)集合为 R_0 类，R_0 为基础关联标签的数量。然后使用匈牙利算法将每个类别连接到一个基础关联标签。最后，对错误标记的文档进行计数，以计算错误率。与 TIDIGITS 和 Caltech 256 上的示例不同的是，此次没有训练或测试数据集。学习和评估都是在同一个数据集上进行的。表 4.8 中给出了相关结果。在这个数据库上，L1GNMF 获得了与 GNMF 相似的性能，但所需的时间成本却低得多。

4.5　图正则化的工作原理

4.5.1　解释已发现模式

为了更好地理解已发现模式，我们将这些模式与基础真值联系起来，并为每个已发现模式显示一些示例。

1) 模式与基础关联标签之间的连接

解释已发现模式的方法是读取方程(4.21)中获取的映射矩阵 $\boldsymbol{Q}$。来自 TIDIGITS 的一元模型的一些映射矩阵如图 4.9 所示，为了清晰起见，列按其所代表的英文数字的顺序排列。顶部图是已发现模式与英文数字发音之间的连接，底部图是模式与性别之间的连接。从图 4.9(b)中我们可以看到，由 L1GNMF 获取的模式与英文数字和性别的基本真值良好吻合。每个模式代表一个数字的某个版本。一些数字由一种以上的模式建模。NMF 模型几乎可以完成同样的工作，但模式 21 至 25 是图 4.9(a)中几个数字的混合。这意味着 NMF 模型发现了来自同一性别的几个数字的混合，显然这个解不符合通常的物理意义。例如，从图 4.9(a)可以看出 NMF 发现的模式 21 与“six”和“eight”有关，而模式 25 与“two”和“five”有关。然而，L1GNMF 为每个数字创建了不同的模式，如图 4.9(b)所示。

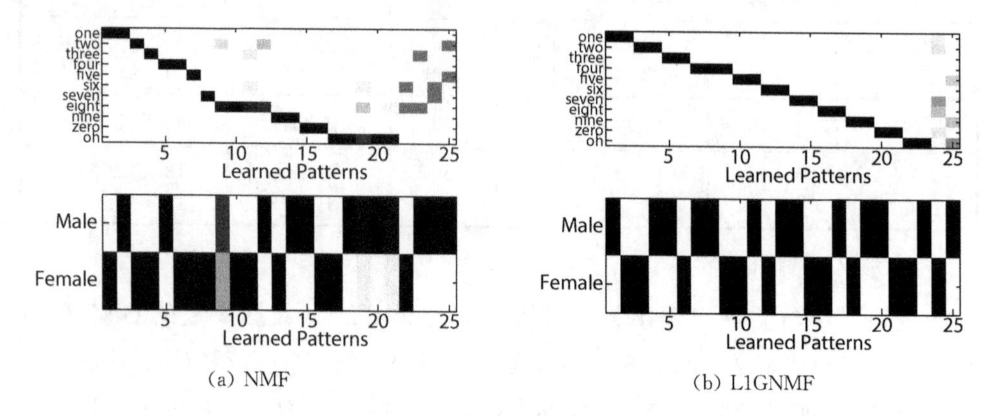

(a) NMF　　(b) L1GNMF

图 4.9　NMF 和 L1GNMF 在 TIDIGITS 数据集上得到的映射矩阵

由 NMF 和 L1GNMF 在语音数据上获取的映射矩阵，两种算法计算时采用了相同的初始 $\boldsymbol{W}$ 和 $\boldsymbol{H}$。每张图的顶部图将已发现模式与数字相连，而底部图按性别解释这些模式。从顶部图中可以看出一个数字可以与多种模式相连。底部图显示，与同一个数字相连的多种模式可以分为男声和女声版本。L1GNMF 给出比 NMF 更清晰的连接。

对于这个纯数据集[“纯”指的是所有数据由 11 个重复模式(“one”到“nine”，“zero”和“O”)和静音状态组成]，相比 NMF，L1GNMF 能够更好地计算出固有维数(即 22)在 20 到 25 之间，因为在表 4.1、表 4.3 和表 4.2 中，在这个区间错率急速下降。

2) 已发现模式的示例

在 Caltech256 的实验中，表 4.7 显示了从 NMF 到 L1GNMF 的分类错误率有所降低，这可以通过将相邻特征组合成一种模式的类似现象来解释，就像语音示例中的现象一样。但是，就图像数据而言，这种益处就不那么明显了。如图 4.10(b)所示，一些类别被混合成一种模式。这是因为与纯数据集 TIDIGITS 不同，Caltech256 数据库包含大量未由类别反映的背景对象。然而，来自 Caltech101 的大多数类别建模与“豹子 101”“飞机 101”“脸 简单 101”和“摩托车 101”十分相像。

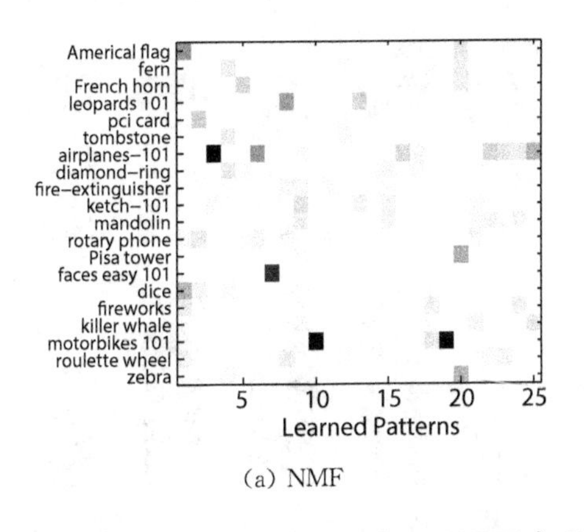

(a) NMF

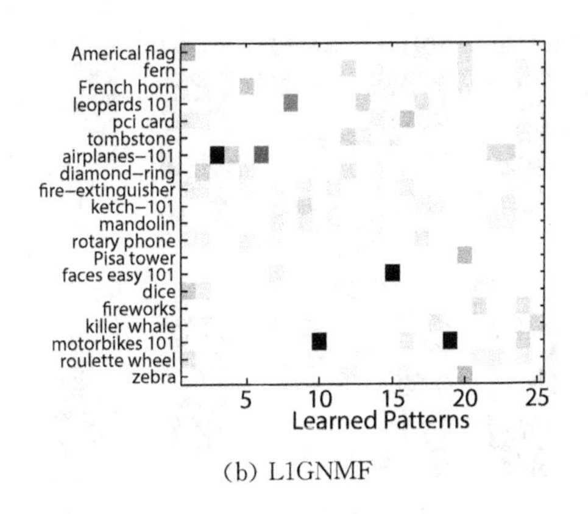

(b) L1GNMF

图 4.10　NMF 和 L1GNMF 在 Caltech101 数据集上得到的映射矩阵

由 NMF 和 L1GNMF 在图像数据上获取的映射矩阵，具有相同的初始 $\boldsymbol{W}$ 和 $\boldsymbol{H}$。

通过分析每个模式的顶部激活图像可以有趣地解释所获得的模式。图 4.11 显示了对于模式 k，$\boldsymbol{H}'_k$（$\boldsymbol{H}'$ 是包含测试集上模式权重的系数矩阵）中最高激活概率的前 10 个图像。从图 4.10(b)中我们观察到模式 20 与 3 个类别相关：类别 1(美国国旗)、类别 13(比萨斜塔)和类别 20(斑马)。它们的共同主题是条纹，如图 4.11(a)所示。模式 24 对类似于“蕨类植物”和“烟火”的某种扩散形状进行建模，如图 4.11(b)所示。因此，使用无监督学习发现的模式不一定对应于图像类别，而是对应于某些中间图像特征。这一事实表明，建立一个单独的无监督模型，使低级视觉特征(视觉词)和高级语义类别直接相关不是明智之举。相反，某些中等水平的抽象对于发现像条纹和蕨类植物这样的形状是十分必要的，正如深度学习理论所提出的[46,81]。

通过分析图 4.12 中按类别正确分类的图像数量，我们得出以下结论：L1GNMF 在图像数量较少的类别上比 NMF 的表现更好，从而改善了分类效果，例如第 17 个类别“虎鲸”。我们在图 4.10(a)中可以看到，对于“飞机”和“虎鲸”类别，NMF 生成了一个共同的模式(第 25 列)，可能是因为这两个物体具有相似的形状。L1GNMF 在图 4.10(b)的第 25 列中很好地为“虎鲸”建模，与其他类别几乎没有混淆。通过比较图 4.11(c)和图 4.11(d)也可以观察到上述现象。

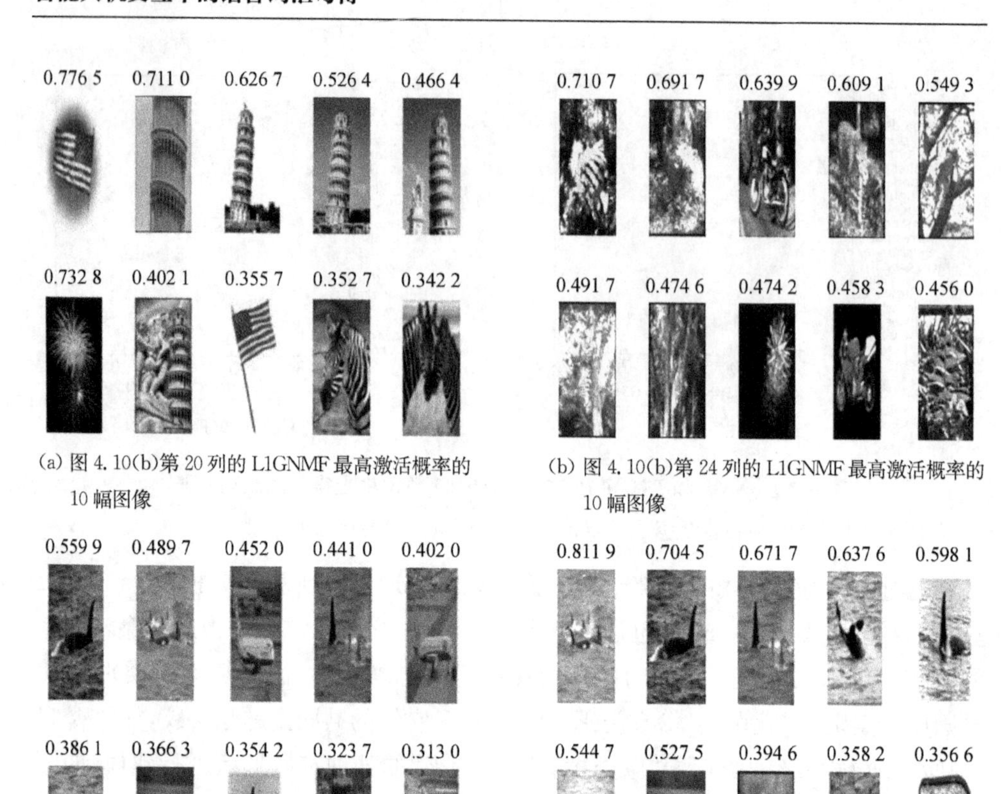

(a) 图 4.10(b)第 20 列的 L1GNMF 最高激活概率的 10 幅图像

(b) 图 4.10(b)第 24 列的 L1GNMF 最高激活概率的 10 幅图像

(c) 图 4.10(a)第 25 列的 NMF 最高激活概率的 10 幅图像

(d) 图 4.10(b)第 25 列的 L1GNMF 最高激活概率的 10 幅图像

图 4.11 每个选定模式的 10 个典型图像及其对应分数

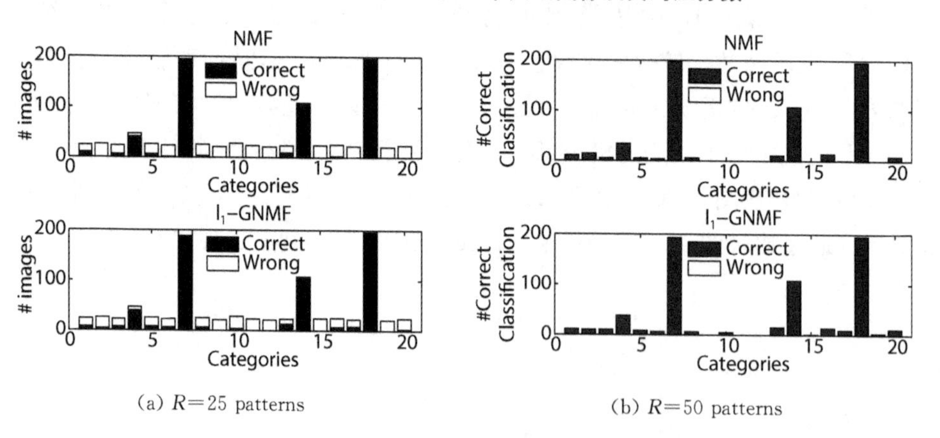

(a) R=25 patterns

(b) R=50 patterns

图 4.12 NMF 和 L1GNMF 之间按类别正确分类的图像数量的比较

4.5.2　图正则化的作用

图正则化的优点可以通过下面对 NMF 和 GNMF 的说明来描述。在图正则化的作用下，图 4.13 中的基向量被修正，以覆盖训练数据集的相邻数据点，从而产生更好的结果。与 NMF 的解决方案相比，这种方法更可能覆盖训练和测试数据点。当然，正如在 TIDIGITS、Caltech256 和 TDT2 的实验中所观察到的那样，增加 NMF 中的基础数量(直到过度训练为止)可以改善 NMF 的性能。通过图正则化，可以减轻模型对分解维数和特征数量的敏感度。

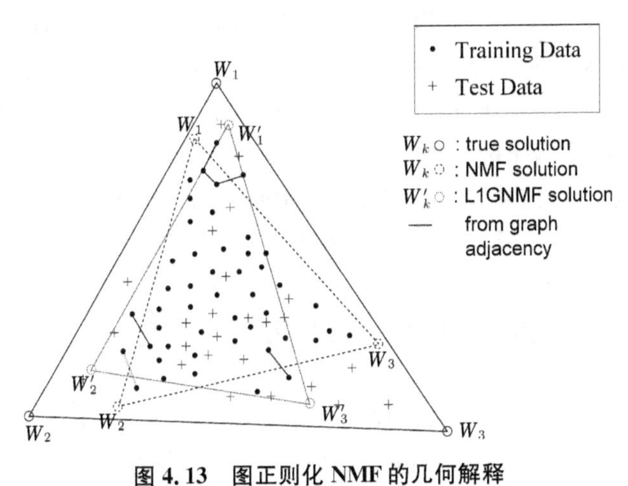

图 4.13　图正则化 NMF 的几何解释

与图 4.1 相比，图正则化可以通过集合相邻点来调整 NMF 的解。与 NMF 的解 $\boldsymbol{W}_k$ 相比，所获得的 $\widetilde{\boldsymbol{W}}_k'$ 能更好地覆盖训练和测试数据点。

4.6　小结

本节利用给定特征集内的邻近度来改进图正则化 NMF 框架中的无监督模式发现。本节提出了一种在保留模式的 ℓ_1 归一化的同时解决优化问题的新算法，并证明了该算法的收敛性。关于语音和视觉模式发现的实验证明了这种算法的有效性和稳健性。除了特征之间的时间和空间邻近度以外，也可以通过构建各自的图邻接矩阵，将其他类型的邻近度(例如文本处理中的同义词)方便直观地并入拟建模型中。

然而，语音和视觉模式发现中给出的例子并不容易扩展到适用于大型模式词典的案例。原因在于，除了矩阵因子分解中因子分解的非凸性和较大的计算预算，还需要针对每个模式学习大量特征与模式的关联。如果在模式之间可以习得和重复利用某种形式的中间关联(或子模式)，那么这里讨论的语音和图像任务将可能扩展到大量数据情况下的模式发现。受人类认知和深度学习成功的启发[46,81]，我们在下一章中提出了一种多层次的方法。

第 5 章　运用非负矩阵三因子分解习得子字单元

前面的章节已经讨论了使用有监督和无监督的非负矩阵分解(NMF)学习方法的单词级别语音模式的发现与评估。在本章中,我们将研究用于发现更细粒度子字单元的机器学习方法。将非负矩阵三因子分解应用于第 3 章(监督式)和第 4 章(无监督式)中得到的单词级别语音模式来学习子字单元,每个单元均以隐马尔可夫模型(HMM)状态或连续状态的字段作为中间表示。它在词汇习得方面具有较高的精确度和较快的学习速度,证明了这种语音的子字单元表示的可行性。

5.1　语音建模中的隐马尔可夫模型

数十年来,隐马尔可夫模型(HMM)已成功用于自动语音识别(ASR)。其成功的因素至少可以归结为两个方面。一方面是用统计模型对隐状态的观测值建模,例如高斯混合模型(GMM);另一方面是用从左到右的结构对语音的序列特性进行建模。在本节中,我们将首先解释用于单词识别的隐马尔可夫模型的构建,然后研究隐状态对于改进 NMF 学习模型的作用。

5.1.1　配置和参数

图 5.1 的左半部分显示了用于构建单词"$\mathcal{W}_r$"的一个三状态隐马尔可夫模型。隐马尔可夫模型具有以下特征:

(1) 每帧的观测向量 $\boldsymbol{O}_t$ 通常表示为帧 t 的 MFCC$+\Delta+\Delta\Delta$ 向量。

(2) 隐状态为$\{S_1,\cdots,S_k,\cdots,S_K\}$。

(3) 声学模型 $b_k(\boldsymbol{O}_t)=Pr(\boldsymbol{O}_t|S_k)$ 即给定状态 S_k 下观测向量 $\boldsymbol{O}_t$ 的似然概率。通过将状态建模为具有权重 $Pr(\mathcal{G}_i|S_k)$ 的高斯混合模型(GMM),上述似然概率可以表示为 $Pr(\boldsymbol{O}_t|S_k)=\sum_i Pr(\boldsymbol{O}_t|\ \mathcal{G}_i)Pr(\mathcal{G}_i|S_k)$。令 $\boldsymbol{A}$ 表示具有元素 $A_{ik}=Pr(\mathcal{G}_i|S_k)$ 的权重矩阵或发射矩阵。

(4) 转移矩阵 $\boldsymbol{T}_{K\times K}$,其元素 $T_{k,k'}$ 是从 S_k 到 $S_{k'}$ 转移的条件概率 $Pr(S_k{}'|S_k)$,$\forall t$。

对各单词建模后,各单词的隐马尔可夫模型可以根据自动语音识别的语言模型达到彼此间的一一对应。下一章将详细讨论 HMM 的训练及其在自动语音识别

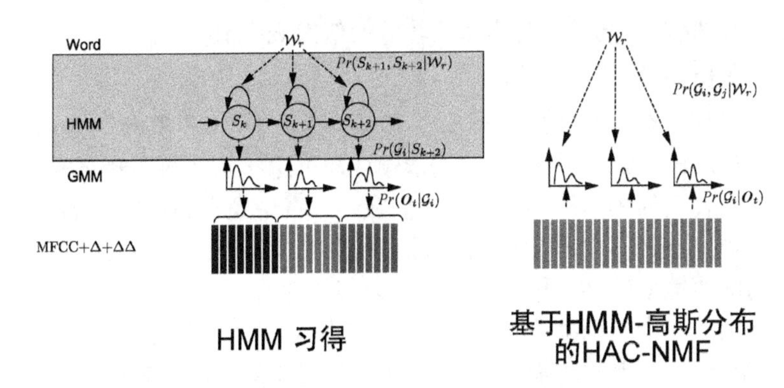

图 5.1　用于语音识别的 HMM 和 HAC-NMF 模型的比较

在 HMM 中，一个单词通过隐状态建模，而隐状态则由高斯混合模型建模，即高斯分布和权重，其中高斯分布是观测帧上的概率分布。然而，在 HAC-NMF 模型中，尽管我们已经在第 3 章中将高斯对的后验概率作为一个二元模型导入，但却丢失了隐状态层。

中的应用。本章我们将描述单个单词隐马尔可夫模型的基础来配置解释我们引入隐状态的无监督学习的动机。

图 5.1 的右半部分显示了单词习得的 NMF 模型。观测帧 $\boldsymbol{O}_t$ 和高斯分布之间通过 HMM 中的高斯后验概率 $Pr(\mathcal{G}_i|\boldsymbol{O}_t)$ 所构建的高斯共现后验概率 $Pr(\mathcal{G}_i,\mathcal{G}_j|\boldsymbol{O}_t)$ 进行关联。如果使用从隐马尔可夫模型的高斯混合模型中获取的高斯分布（在第 4 章中称为 oracle 高斯分布），为了与 HMM 的性能进行比较，去掉了 NMF 和 HMM 基线之间的一个主要区别。本章讨论的第二个区别是 NMF 模型的简单结构，即一个单词直接从其高斯后验统计中得出特征。相反，HMM 需要状态级别的识别，其中每个状态依次用高斯混合分布来描述。因此，NMF 中缺少一层隐状态，而该层对于反映语音中的长期依赖性同时允许声学特征在一定范围内变化十分重要，下文将对此进行解释。

5.1.2　隐状态的作用

在隐状态下，“隐”意味着状态对于观测者不是直接可见的，但可观测的输出最终取决于各个状态。每个状态都有一个概率分布 $Pr(\boldsymbol{O}_t|S_k)$ 覆盖可能的观测值。因此，由 HMM 生成的观测序列可以给出关于状态序列的一些信息。为了评估一个序列是否由 HMM 产生，可以用维特比对齐将观测序列转换为具有最大依然概率的状态序列。引入隐状态的动机是双重的。

1）误差容错

语音受到多种因素影响。即使是同一个词，也不可能具有两个相同的观测序列。因此，用于识别的时频特征的精确逐帧匹配是不可能的。相反，通过概率分布建模的隐状态则可以容忍一些帧级的变化，并对相似度较高的语音赋予较高的似然概率值，而对完全不同的语音则赋予较低的似然概率值。

2）反映长期动态的变化

语音的局部动态特性部分建模在 Δ 和 ΔΔ 特征中，长期依赖性则未建模于此特征中。在自动语音识别系统中，长期依赖性通过隐状态之间的转移来建模，这是观测向量之间转换的较高级别抽象。我们在第 3 章中观察到，从一元模型（仅考虑观测值的出现）到二元模型（考虑到观测值的共现），无序误字率大大下降。因此，隐状态之间的语境依赖性会更有助于提高模型的性能。

本章介绍了一个中间抽象层，与 HMM 状态相当，但不限于一阶存储器。中间层（被称为隐单元）的创建不需要监督，也可以通过矩阵分解来获得。HAC＋NMF 中的共现建模目前可以有效应用于隐单元层面。这种中间层的好处是，由于隐状态的数目少于高斯分布，共现统计只需要较少的数据就可以进行估算。同时，第一层（高斯分布和隐单元之间的关系）的重新使用将提高新单词的习得效率。

5.2 子字单元的三因子分解习得

在前面几章中，语音表达以 BoF 的形式给出，其中一个例子是用声音共现直方图（HAC）。特别地，我们提出并评估了利用高斯共现来表示。假设观测值的共现统计和隐状态通过一个矩阵三因子分解相关联[50,21,114,123]，本节中我们将研究从第 2 章和第 3 章学到的共现表示中发掘子字单元（如隐状态）的学习方法。

5.2.1 共现统计和隐状态

将文献[62,114,21]的思路用高斯共现的术语描述出来，即观测符号为高斯索引，则公式（5.1）给出了隐马尔可夫模型各参数与高斯共现的非负低秩分解之间的密切关系：

$$Pr(\mathcal{G}_i,\mathcal{G}_j) = \sum_{k,l} Pr(\mathcal{G}_i \mid S_k) Pr(S_k \mid S_l) Pr(\mathcal{G}_j \mid S_l) \tag{5.1}$$

其中，$Pr(\mathcal{G}_i \mid S_k)$对应于离散密度 HMM 中的发射矩阵 **A** 或连续密度 HMM 中的高斯权重矩阵，$Pr(S_k,S_l)$表示隐状态之间的转移。上述过程如图 5.2 所示，其中一个隐状态由高斯分布周围的概率关联式 $A_{i,k}$ 进行描述。因此，高斯分布的共现 $Pr(\mathcal{G}_m,\mathcal{G}_{m'})$与隐状态的共现 $Pr(S_k,S_{k'})$通过发射概率相联系。

公式（5.1）的矩阵形式在公式（5.2）中给出：

$$\boldsymbol{C}=\boldsymbol{ABD} \tag{5.2}$$

其中，$\boldsymbol{C}$ 是高斯分布 $C_{i,j}=Pr(\mathcal{G}_i,\mathcal{G}_j)$的共现矩阵，$\boldsymbol{B}$ 是隐状态 $B_{k,l}=Pr(S_k,S_l)$的共现矩阵，$\boldsymbol{A}[A_{i,k}=Pr(\mathcal{G}_i \mid S_k)]$是左侧的发射矩阵，$\boldsymbol{D}$ 是右侧的发射矩阵。由于高斯分布的数量通常大于状态的数量，因此 $\boldsymbol{A}$ 或 $\boldsymbol{D}^{\mathrm{T}}$ 的作用是将低维的隐状态空间嵌入高

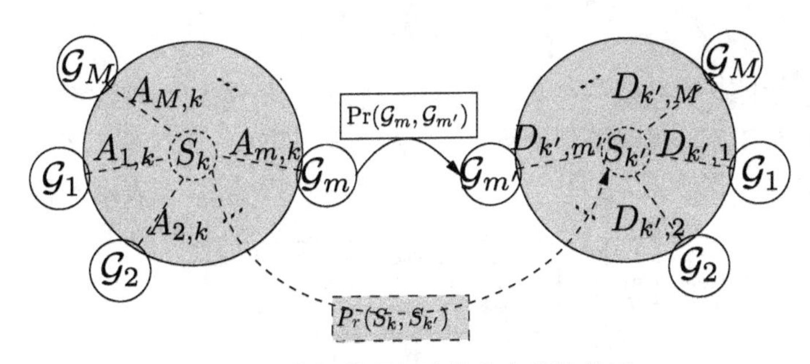

图 5.2　高斯共现与隐状态之间的关系

每个隐状态都由高斯分布的多项式分布建模。因此，高斯共现是通过**隐状态的共现**和每**个隐状态下高斯分布**的发射来建模的。

维的高斯空间中。因此它们被称为嵌入矩阵，之后将通过矩阵分解来获得。如果这个过程是马尔可夫过程，那么 $\boldsymbol{A}=\boldsymbol{D}^{\mathrm{T}}$。尽管如此，实际分解过程中可以分别估计 $\boldsymbol{A}$ 和 $\boldsymbol{D}$，从而验证引入 $\boldsymbol{A}=\boldsymbol{D}^{\mathrm{T}}$ 这个假设的合理性。

因为公式(5.2)的学习是无监督的，我们称所得状态为**隐单元**。因此，$\boldsymbol{A}$ 的列和 $\boldsymbol{D}$ 的行不一定对应于监督训练 HMM 的隐状态，但是这两者会具有相似的性质。通过对 $\boldsymbol{A}$ 的列和 $\boldsymbol{D}$ 的行进行归一化来求解 $\mathrm{argmin}_{\boldsymbol{A},\boldsymbol{B},\boldsymbol{D}}\mathrm{KLD}(\boldsymbol{C}\|\boldsymbol{ABD})$，从高斯共现 $\boldsymbol{C}$ 中学习 $\boldsymbol{A}$、$\boldsymbol{B}$ 和 $\boldsymbol{D}$ 的算法如后文的算法 5.1 所示[124]。

除了上述共现统计外，文献[21]提出了采用如高斯共现的共现等高阶统计来学习 HMM，在文献[33]中将高阶共现的组合统计量放入 Hankel 矩阵中。由于其复杂度，文献[33]中的方法仅适用于具有少数状态和观察值的离散密度 HMM。

5.2.2　高斯共现矩阵的非负矩阵分解学习

公式(5.2)中的学习模型的秩和复杂度随着隐马尔可夫模型的隐状态数量呈线性增长。该学习模型的有效性只有在“瘦”分解中才能得到保证，这种情况下 $rank(\boldsymbol{B})\ll rank(\boldsymbol{C})$，也就是说它能从高维观测数据中习得少量的隐状态。在文献[62,21]中，只考虑复杂度要小得多的 HMM。所以解决这个问题的一个好方法就是分别为每个单词创建一个隐马尔可夫模型。在这种情况下，我们应该为单词 W_r 构建一个共现矩阵 $\boldsymbol{C}^{(r)}$。然而，可用的训练数据是连续的语音，其中单词的边界信息是不可用的，并且应该避免额外的语音分割步骤。

根据第 2 章和第 3 章的结果，将发现的词汇模式存储在作为原始数据矩阵 $\boldsymbol{V}$ 中的重复部分的声学模式矩阵 $\boldsymbol{W}$ 的列中。对于有监督的 NMF，其模型为

$$\begin{bmatrix}\boldsymbol{G}\\\boldsymbol{V}\end{bmatrix}\approx\begin{bmatrix}\boldsymbol{W}^{(g)}\\\boldsymbol{W}\end{bmatrix}\boldsymbol{H}\tag{5.3}$$

对于第 4 章中无监督的 MMF，其模型为

$$V \approx WH \tag{5.4}$$

W 中的词汇表示只是一个单词模型的共现统计。因此，现在我们可以使用发现的每个单词的高斯共现模型即列 W_r 作为共现矩阵 $C^{(r)}$ 来生成一组嵌入矩阵。考虑到 W 有两种习得方式，在图 5.3 中，我们使用轨道 A.1 来表示与隐单元的监督

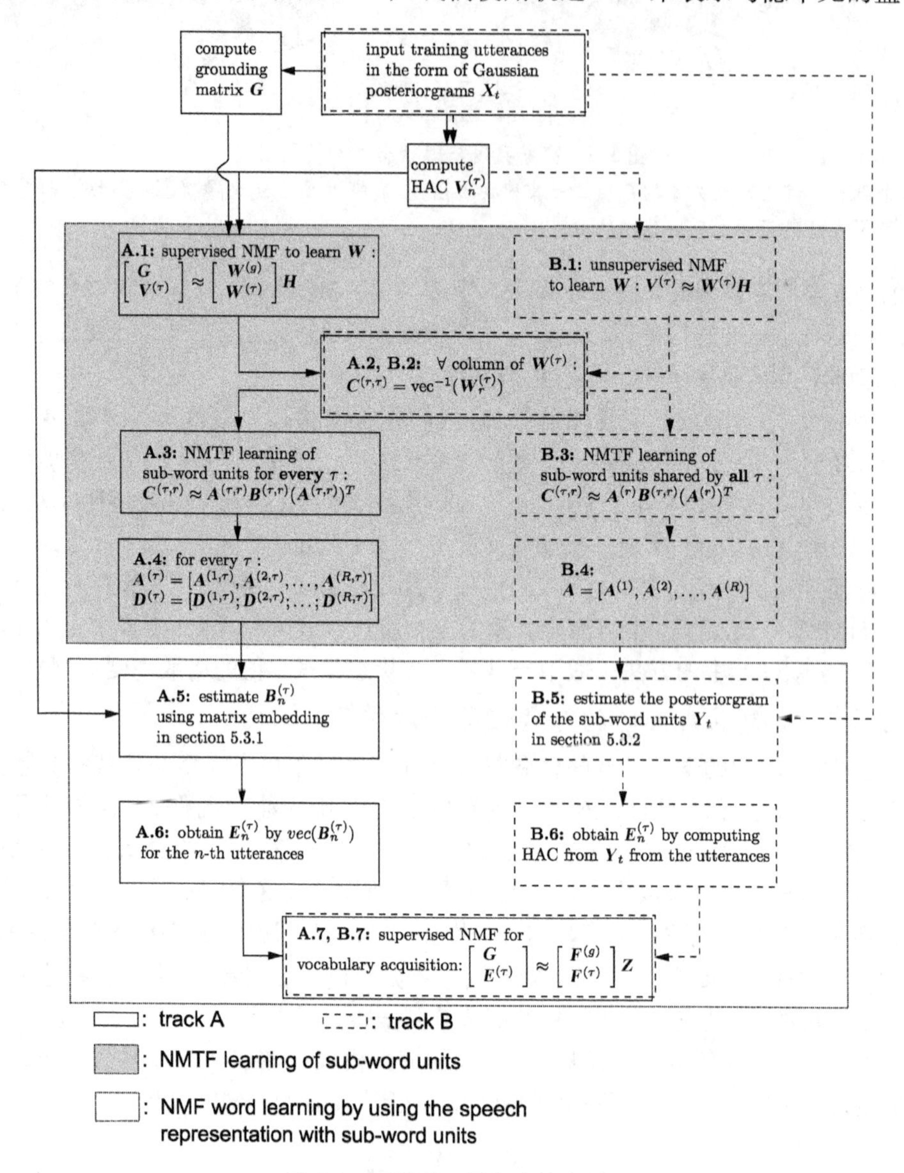

图 5.3　所提出习得方法的流程图

流程图包括两条轨道，其中轨道 A 用于隐单元的监督习得，轨道 B 用于隐单元的无监督习得。

习得有关的阶段，使用轨道 B. 1 来表示与隐单元的无监督习得有关的阶段。这两种习得轨道也将在下面的语境中有所表现。

非负矩阵三因子分解的学习过程如图 5. 4 所示。对于每个滞差 τ，在 $\boldsymbol{W}$ 中其对应的块表示为 $\boldsymbol{W}^{(\tau)}$。$\boldsymbol{W}^{(\tau)}$ 的第 r 列重新转化为高斯分布 $\boldsymbol{C}^{(\tau,r)}$ 共现的 $M\times M$ 矩阵（轨道 A. 2 和轨道 B. 2）。然后通过以下优化：

$$\mathrm{argmin}_{\boldsymbol{A}^{(\tau,r)}\boldsymbol{B}^{(\tau,r)}\boldsymbol{D}^{(\tau,r)}}\mathrm{KLD}(\boldsymbol{C}^{(\tau,r)}\|\boldsymbol{A}^{(\tau,r)}\boldsymbol{B}^{(\tau,r)}\boldsymbol{D}^{(\tau,r)}) \tag{5.5}$$

我们将得到 $\boldsymbol{A}^{(\tau,r)}$ 和 $\boldsymbol{D}^{(\tau,r)}$ 作为隐状态到高斯分布的嵌入矩阵，得到 $\boldsymbol{B}^{(\tau,r)}$ 作为具有语境依赖性 τ 的词的隐状态的共现。该过程对应于图 5. 3 中的轨道 A. 3。下一小节给出了非负矩阵三因子分解的详细算法。$\boldsymbol{B}^{(\tau,r)}$ 被设置为对角矩阵以强制执行 HMM 的从左到右的结构。

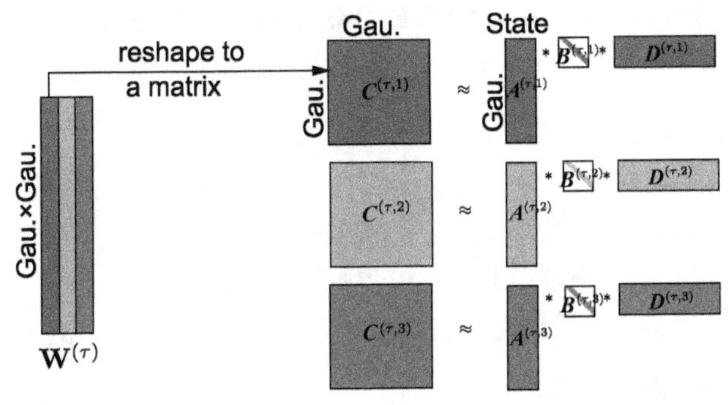

图 5. 4　从通过非负矩阵分解习得的矩阵 $\boldsymbol{W}$ 中习得隐状态

$\boldsymbol{W}$ 的列代表所发现模式的特征共现包。如公式(2. 21)所示，$\boldsymbol{W}$ 可以有多个从数据矩阵 $\boldsymbol{V}$ 继承下来的滞差 τ。以对应滞差 τ 的 $\boldsymbol{W}$ 的块 $\boldsymbol{W}^{(\tau)}$ 为例，首先将 $\boldsymbol{W}^{(\tau)}$ 的一列 $\boldsymbol{W}_k^{(\tau)}$ 重新转化为共现矩阵 $\boldsymbol{C}^{(\tau,k)}$。随后在共现矩阵上执行 NMTF 以学习隐状态。

对所有词汇模式 $r=1,\cdots,R$ 应用相同的流程和固定的 τ 值，我们可以估计整体嵌入矩阵 $\boldsymbol{A}^{(\tau)}=[\boldsymbol{A}^{(\tau,1)},\cdots,\boldsymbol{A}^{(\tau,R)}]$ 和 $\boldsymbol{D}^{(\tau)}=[(\boldsymbol{D}^{(\tau,1)})^{\mathrm{T}},\cdots,(\boldsymbol{D}^{(\tau,R)})^{\mathrm{T}}]^{\mathrm{T}}$，并且整体的隐状态的共现矩阵 $\boldsymbol{B}^{(\tau)}$ 是由块 $\boldsymbol{B}^{(\tau,1)},\cdots,\boldsymbol{B}^{(\tau,R)}$ 组成的块对角矩阵。不同的模式由不同的隐状态组成。对于任何其他 τ，过程是相同的。将获得的嵌入矩阵 $\boldsymbol{A}^{(\tau)}$ 和 $\boldsymbol{D}^{(\tau)}$ 保存起来，用于处理轨道 A. 4 中的测试数据。在这个过程中，隐状态的共现矩阵 $\boldsymbol{B}^{(\tau)}$ 将在5. 3节中进行解释。

假定所有的嵌入矩阵 $\boldsymbol{A}^{(\tau)}$ 和 $[\boldsymbol{D}^{(\tau)}]^{\mathrm{T}}$ 都相等，则可以施加更多的限制，也就是说，高斯分布和隐状态之间的关联仅由 HMM 中的一个发射矩阵 $\boldsymbol{A}$ 来描述。具有不同滞差的转移情况反映在隐状态的共现矩阵 $\boldsymbol{B}^{(\tau)}$ 中。因此，对于每个 $\boldsymbol{C}^{(\tau,r)}$，新的非负矩阵三因子分解问题的公式如下：

$$\mathrm{argmin}_{\boldsymbol{A}^{(r)},\boldsymbol{B}^{(\tau,r)}}\sum_{\tau}\mathrm{KLD}[\boldsymbol{C}^{(\tau,r)}\|\boldsymbol{A}^{(r)}\boldsymbol{A}^{(\tau,r)}(\boldsymbol{A}^{(r)})^{\mathrm{T}}] \tag{5.6}$$

由图 5.3 中的轨道 B.3 表示。

所获得的高斯分布和隐状态之间的关联可以用一个定向的概率图模型来表示，如图 5.5 所示。整个嵌入矩阵是通过从 $\boldsymbol{W}$ 的每一列叠加嵌入矩阵而获得的，即 $\boldsymbol{A}=[\boldsymbol{A}^{(1)},\cdots,\boldsymbol{A}^{(R)}]$，由图 5.3 中的轨道 B.4 表示。

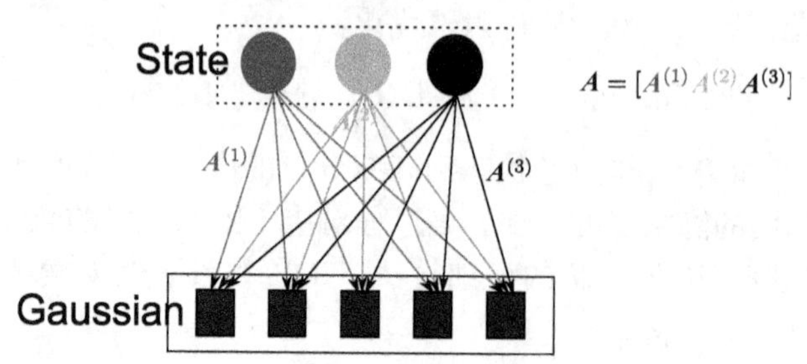

图 5.5 由对称非负矩阵三因子分解习得的高斯分布和隐状态之间的图模型

习得隐状态 S_k 的高斯分布的权重并存储在列向量 $\boldsymbol{A}^{(r)}$ 中，叠加向量以形成完整的权重矩阵。

5.2.3 非负矩阵三因子分解(NMTF)

需要注意的是，高斯分布和状态之间有两种连接(或权重)：在图 5.2 中，$\boldsymbol{A}$ 表示左高斯分布概率 $Pr(G_i \mid S_k)$ 的矩阵，$\boldsymbol{D}$ 表示右高斯分布概率 $Pr(G_j \mid S_l)$ 的矩阵。在这里，我们给出了非对称三因子分解(图 5.3 中的轨道 A.3)和对称三因子分解(假定 $\boldsymbol{A}$ 等于 $\boldsymbol{D}^{\mathrm{T}}$)的算法。第二种是与多语境依赖性放在一起讨论的(图 5.3 中的轨道 B.3)。

1) 非对称三因子分解

利用算法 5.1 中的算法，得到嵌入矩阵 $\boldsymbol{A}$ 和 $\boldsymbol{D}$、隐单元及其共现矩阵 $\boldsymbol{B}$。共现矩

```
input: C and initial estimates for A,B and D
output: A,B,D
n=0;
while n<# iterations do
  | P_{k,l} ← ∑_i (A*B)_{i,l}, 1≤k≤M;
  | D ← D⊙(B^T * A^T * (C⊘(A*B*D)))⊘P,
  | D_{k,l} ← D_{k,l} / ∑_j D_{k,j}, B_{t,k} ← B_{t,k} * ∑_j D_{k,j};
  | Q_{k,l} ← ∑_i (B*D)_{k,i}, 1≤l≤M;
  | A ← A⊙((C⊘(A*B*D)) * D^T * B^T)⊘Q,
  | A_{k,l} ← A_{k,l} / ∑_i A_{i,l} B_{l,k} ← B_{l,k} * ∑_i A_{i,l};
  | B ← B⊙(A^T * (C⊘(A*B*D)) * D^T);
  | n ← n+1;
end
```

算法 5.1 非对称 NMTF $\boldsymbol{C}\approx\boldsymbol{ABD}$ 的伪代码

阵 $\boldsymbol{C}$ 的不对称特性不仅反映在隐状态的共现矩阵 $\boldsymbol{B}$ 中，而且反映在左嵌入矩阵 $\boldsymbol{A}$

和右嵌入矩阵 $\boldsymbol{D}$ 中。算法的推导是直接明了的，只需要修正两个变量来更新剩余的一个，就像在 NMF 中一样。文献[65]中的 NMF 证明也保证了算法的收敛性。

由于乘性更新的零锁定属性，如第 2.1.1 节所示，$\boldsymbol{B}$ 将在随后的迭代过程中保持这种结构。$\boldsymbol{A}$(或 $\boldsymbol{D}^{\mathrm{T}}$)的每一列被归一化以确保其为 HMM 的一个发射矩阵。一个有趣的特性是：假设 $\sum_{m} A_{m,k}=1$ 且 $\sum_{m} D_{k,m}=1$，则 $\sum_{m,m'} B_{m,m'}=\sum_{k,k'} C_{k,k'}$，所以 $\boldsymbol{B}$ 可以解释为一个联合概率。三因子分解实际上是将 $\boldsymbol{B}$ 中隐状态(低维空间)的联合分布"嵌入"$\boldsymbol{C}$ 中观测值(高维空间)的联合分布，同时保持其概率性质。

对于每个语境依赖性 τ，习得过程是分离的。对于 τ 的每个选择，一个输入 $\boldsymbol{C}^{(\tau)}$ 可以获得嵌入矩阵 $\boldsymbol{A}^{(\tau)}$ 和 $\boldsymbol{D}^{(\tau)}$ 以及隐状态的共现矩阵 $\boldsymbol{B}^{(\tau)}$。习得的嵌入矩阵在 5.3 节中生成语音的新表示时也可以单独使用。

2) 对称三因子分解

对于公式(5.6)，使用多个 τ 时，$\boldsymbol{C}^{(\tau)}$ 的 $\boldsymbol{A}$ 和 $\boldsymbol{B}^{(\tau)}$ 的习得算法如算法 5.2 所示。算法收敛性的推导和证明参见附录 C。

在这个对称版本的 NMTF 中，零锁定属性依然有效。利用 $\boldsymbol{A}$ 的列的求和约束条件，可以很容易看出 $\sum_{i,j} C_{i,j}^{(\tau)}=\sum_{k,l} B_{k,l}^{(\tau)}$。这就表示 $\boldsymbol{C}^{(\tau)}$ 中具有滞后 τ 的高斯共现的总次数与 $\boldsymbol{B}^{(\tau)}$ 中隐单元共现的总次数相同。该特性可应用于导出 6.3.1 节中的 HMM 训练的尺度保持算法。

```
input: {C^(τ)} and initial estimates for A and {B^(τ)}
output: A, {B^(τ)}
n=0;
while n<# iterations do
  | P^(τ) ← 1_{M×1} * Σ_i (A * (B^(τ) + (B^(τ))^T))_i;
  | Q^(τ) ← C^(τ) ⊘ (A * B^(τ) * A^T);
  | A ← A ⊙ (Σ_τ Q^(τ) * A * (B^(τ))^T + (Q^(τ))^T * A * B^(τ)) ⊘ (Σ_τ P^(τ));
  | A_{i,k} ← A_{i,k} / Σ_{i'} A_{i',k}, B^(τ)_{k,l} ← Σ_{i'} A_{i',k} * B^(τ)_{k,l} * Σ_{i'} A_{i',k};
  | B^(τ) ← B^(τ) ⊙ (A^T * (C^(τ) ⊘ (A * B^(τ) * A^T)) * A);
  | n ← n+1;
end
```

算法 5.2　具有多语境依赖性 τ 的对称 NMTF $\boldsymbol{C}^{(\tau)} \approx \boldsymbol{A}\boldsymbol{B}^{(\tau)}\boldsymbol{A}^{\mathrm{T}}$ 的伪代码

如图 5.3 所示，子字单元的监督/无监督习得到目前为止已经完成。接下来，我们将解释使用获得的子字单元进行语音表示的方法。

5.3 使用子字单元进行语音表示

在本节中，我们将介绍如何用习得的隐单元的共现包来表示训练和测试语音。第一种是直接产生隐单元共现的矩阵分解法。第二种是先通过顺序标记高斯后验图来获得隐单元的后验图，然后根据新产生的后验图计算出共现包。

5.3.1 用于降维的矩阵嵌入

对于固定的 τ，一条语音首先由其高斯共现的直方图 $\boldsymbol{V}_n^{(\tau)}$ 表示，该直方图被重新转化为一个名为 $\hat{\boldsymbol{C}}_n^{(\tau)}$ 的 $M\times M$ 矩阵。然后，使用习得的滞差 τ 的嵌入矩阵 $\boldsymbol{A}^{(\tau)}$ 和 $\boldsymbol{D}^{(\tau)}$，通过求解如下公式来估计状态的共现 $\hat{\boldsymbol{B}}_n^{(\tau)}$：

$$\operatorname{argmin}_{\hat{\boldsymbol{B}}_n^{(\tau)}} \mathrm{KLD}(\hat{\boldsymbol{C}}_n^{(\tau)} \| \boldsymbol{A}^{(\tau)} \hat{\boldsymbol{B}}_n^{(\tau)} \boldsymbol{D}^{(\tau)}) \tag{5.7}$$

这里只有 $\hat{\boldsymbol{B}}_n^{(\tau)}$ 通过算法 5.1 进行更新。然后 $\hat{\boldsymbol{B}}_n^{(\tau)}$ 被重新转化为列向量，作为语音表示，随后形成具有滞差 τ 的新数据矩阵 $\boldsymbol{E}^{(\tau)}$ 的列，即 $\boldsymbol{E}_n^{(\tau)}$。该过程如图 5.6 所示，图 5.3 中的轨道 A.5 和轨道 A.6 可以表示该过程。

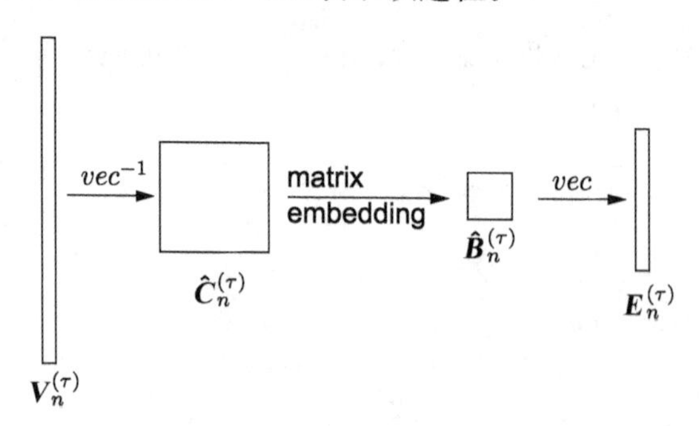

图 5.6 用于降维的矩阵嵌入示意图

具有滞差 τ 的语音 n 即 $\boldsymbol{V}_n^{(\tau)}$ 中的高斯共现转换为 $\boldsymbol{E}_n^{(\tau)}$ 中的隐单元共现。vec 是操作者通过叠加列将矩阵重新转化为向量，而 vec^{-1} 是其逆操作。

新的数据矩阵 $\boldsymbol{E}$ 最终是来自多个滞差 τ 的矩阵 $\boldsymbol{E}^{(\tau)}$ 的叠加。在这种方法中，语音总是表示为一个向量。对于固定的 τ，语音表示的维数从 $\boldsymbol{V}^{(\tau)}$ 中的(高斯分布数量)^2 减小到 $\boldsymbol{E}^{(\tau)}$ 中的(隐单元数量)^2。使用习得的嵌入矩阵，估计 $\hat{\boldsymbol{B}}^{(\tau)}$ 的优化问题实际上是一个凸函数，因此复杂度相对较低。但是，我们应该意识到，混合词汇模式可能会造成意义混淆，特别是在长时段的语音中以及某些高斯分布被不同的词汇模式共享时。在我们的实验中，只有来自有监督的隐马尔可夫模型的 oracle 高斯分布才能获得较好的结果，其中高斯分布的数量远大于单词的数量。

5.3.2　顺序标记

在本节中，我们使用具有约束条件 $\boldsymbol{A}=\boldsymbol{A}^{(\tau)}=(\boldsymbol{D}^{(\tau)})^{\mathrm{T}}(\forall\tau)$ 的对称 NMTF 来建模 $\boldsymbol{A}$ 作为 HMM 的发射矩阵。因此，在习得过程结束时，可以获得图 5.5 中高斯分布和隐状态之间的有向图模型。训练和测试语音的顺序标记通过使用这个图模型来执行[106]。对于时间戳 t 处的帧，我们考虑了隐单元的三种概率贡献：观测、前向转移和后向转移，如图 5.7 及图 5.3 中的轨道 B.5 所示。

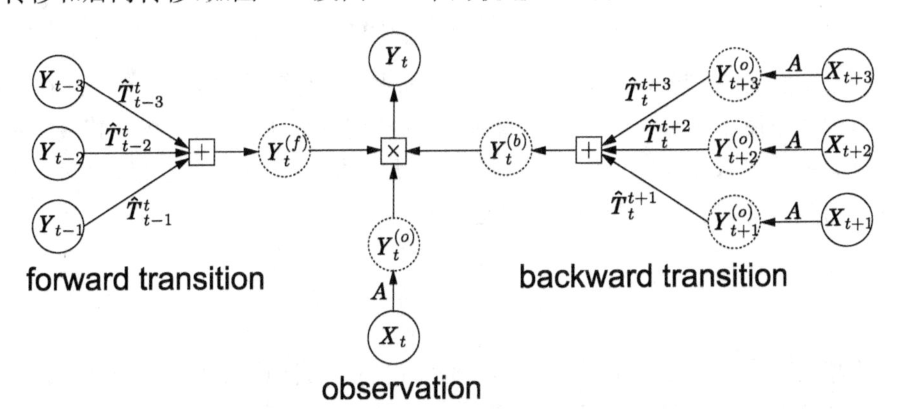

图 5.7　使用通过 NMT 习得的隐单元进行顺序标记

从左到右对语音帧进行标注。合并三种类型的标记分数：前向转移、观测和后向转移。

假设语音的高斯后验图表示为 $\{\boldsymbol{X}_t, t=1:T\}$，其中 $(\boldsymbol{X}_t)_i=Pr(x_t=\mathcal{G}_i)$。当放大到本地帧时，分解模型变为

$$Pr(x_t=\mathcal{G}_i; x_{t+\tau}=\mathcal{G}_j)=$$
$$\sum_{k,l} Pr(x_t=\mathcal{G}_i \mid S_k) Pr(y_t=S_k, y_{t+\tau}=S_l) Pr(x_{t+\tau}=\mathcal{G}_j \mid y_{t+\tau}=S_l) \tag{5.8}$$

其中，y_t 和 $y_{t+\tau}$ 是假定在帧 t 和 $t+\tau$ 处状态索引值的随机变量。因此，通过对每一帧的概率进行 ℓ_1 归一化，$\{\boldsymbol{X}_t, t=1:T\}$ 就是由隐单元标记的语音的后验图。$Pr(x_t=\mathcal{G}_i, x_{t+\tau}=\mathcal{G}_j)$ 和 $Pr(y_t=S_k, y_{t+\tau}=S_l)$ 分别为高斯分布和隐单元的联合概率。因此，通过三因子分解，高斯后验图 $\{\boldsymbol{X}_t, t=1,\cdots,T\}$ 被转换为隐单元的后验图 $\{\boldsymbol{Y}_t, t=1,\cdots,T\}$，如下所述。

隐单元的第一个概率估计值 $\boldsymbol{Y}_t^{(o)}$ 来自于时间戳 $\boldsymbol{X}_t$ 处的观测值，该时间戳是具有高斯后验概率的向量。公式(5.9)中的 $Pr(x_t \mid y_t^{(o)}=S_k)$ 是矩阵 $\boldsymbol{A}$ 中对应于状态 S_k 的一列。所以 $\boldsymbol{Y}_t^{(o)}$ 可以从公式(5.9)中的 NMF 中估计出来：

$$\mathrm{argmin}_{\boldsymbol{Y}_t^{(o)}} \mathrm{KLD}(\boldsymbol{X}_t \| \hat{\boldsymbol{X}}_t)=\mathrm{argmin}_{\boldsymbol{Y}_t^{(o)}} \mathrm{KLD}(\boldsymbol{X}_t \| \boldsymbol{A}\boldsymbol{Y}_t^{(o)}) \tag{5.9}$$

其中，$\hat{\boldsymbol{X}}_t$ 是从元素 $\sum_k Pr(x_t=\boldsymbol{G}_m \mid y_t^{(o)}=S_k) Pr(y_t^{(o)}=S_k)$ 即 $\sum_k A_{m,k} Y_{k,t}^{(o)}$ 对 $\boldsymbol{X}_t$ 的重

新构建。

隐单元概率的第二个估计值来自前向转移,如公式(5.10)所示。

$$(\boldsymbol{Y}_t^{(f,\tau)})^{\mathrm{T}}=(\boldsymbol{Y}_{t-\tau})^{\mathrm{T}}\hat{\boldsymbol{T}}_{t-\tau}^{t} \tag{5.10}$$

其中,$\hat{\boldsymbol{T}}_{t-\tau}^{t}$是从帧 t-τ 到帧 t 的局部转移矩阵,$\boldsymbol{Y}_{t-\tau}$是时间戳 $t-\tau$ 处隐单元的概率向量。对于每一帧 t,通过以下因子分解,$\hat{\boldsymbol{T}}_{t-\tau}^{t}$从高斯分布的局部共现即 $\hat{\boldsymbol{C}}_{t-\tau}^{t}$估计得出:

$$\operatorname{argmin}\ \hat{\boldsymbol{T}}_{t-\tau}^{t}\mathrm{KLD}(\hat{\boldsymbol{C}}_{t-\tau}^{t}\|\boldsymbol{A}\hat{\boldsymbol{T}}_{t-\tau}^{t}\boldsymbol{A}^{\mathrm{T}}) \tag{5.11}$$

$\hat{\boldsymbol{C}}_{t-\tau}^{t}$由局部信息构成:$\boldsymbol{X}_{t-\tau}$ 和 $\boldsymbol{X}_t$ 之间的高斯共现矩阵,即 $\boldsymbol{X}_t\boldsymbol{X}_t^{\mathrm{T}}$。随后,在公式(5.12)中对采用不同 τ 的前向转移的估计值进行求和与归一化以获得其最终估计值。这里的总和意味着隐单元之间的转移不是严格的马尔可夫过程,因为一个状态的发射过程取决于它的最多 τ 个最近邻状态。

$$\boldsymbol{Y}_t^{(f)}=\frac{1}{\tau_0}\sum_{\tau=1}^{\tau_0}\boldsymbol{Y}_t^{(f,\tau)} \tag{5.12}$$

隐单元概率的第三个估计值来自根据公式(5.13)计算出的后向转移。通过使用具有相应时间戳的信息,参照上述算法计算 $\boldsymbol{Y}_{t+\tau}^{(o)}$和 $\hat{\boldsymbol{T}}_t^{f+\tau}$。

$$\operatorname{argmin}_{\boldsymbol{Y}_t^{(b,\tau)}}\mathrm{KLD}[(\boldsymbol{Y}_{t+\tau}^{(o)})^{\mathrm{T}}\|(\boldsymbol{Y}_t^{(b,\tau)})^{\mathrm{T}}\hat{\boldsymbol{T}}_t^{t+\tau}] \tag{5.13}$$

然后,在公式(5.14)中对采用不同 τ 的后向转移的估计值进行类似的求和与归一化:

$$\boldsymbol{Y}_t^{(b)}=\frac{1}{\tau_0}\sum_{\tau=1}^{\tau_0}\boldsymbol{Y}_t^{(b,\tau)} \tag{5.14}$$

$\boldsymbol{Y}_t$的估计值是公式(5.15)中观测值、前向转移值和后向转移值概率的乘积。该乘积意味着帧 t 的激活隐单元 S_k 应该在该帧处可观测并且可从其 τ 最近邻状态取得。

$$\boldsymbol{Y}_t=\frac{\boldsymbol{Y}_t^{(o)}\odot\boldsymbol{Y}_t^{(f)}\odot\boldsymbol{Y}_t^{(b)}}{\|\boldsymbol{Y}_t^{(o)}\odot\boldsymbol{Y}_t^{(f)}\odot\boldsymbol{Y}_t^{(b)}\|_1} \tag{5.15}$$

为了表示较长的语境依赖性,在构建数据矩阵时,使用“长时块”(long-patch)方法来定义单元的共现。以隐单元后验图 $\boldsymbol{Y}_t$为例,后验图的一个长度为 $T_0=10$ 的块是它所包含帧的单位概率之和,如下所示:

$$\boldsymbol{Y}_t=\sum_{t'=t}^{t+T_0}\boldsymbol{Y}_{t'} \tag{5.16}$$

最后,采用与 3.3.2 节中的高斯共现包相同的方式,以隐单元共现包计算出每条语音的表示。因此,训练和测试语音分别用其对应的数据矩阵 $\boldsymbol{E}$ 和 $\boldsymbol{E}'$ 表示,该过程由图 5.3 中的轨道 B.6 表示。

该方法用于计算保留顺序信息的后验表示。每一帧的标记都要与当前帧的观测以及前向和后向转移合并,这与 HMM 训练的前向-后向算法的规则相似。需要注意的是,我们没有使用在 NMTF 中获得的转移矩阵,而是在局部重新进行估计。使用逐帧标记需要比上一节中提出的矩阵嵌入进行更多的计算。如果仅采用滞差 $\tau=1$,则上述习得方法可以应用于 HMM 训练。我们将在下一章介绍如何利用它来改进无监督 HMM 训练。

在本节中,我们提出了两种方法来使用 5.2 节中发现的隐单元共现产生新的语音表示。相应的轨道记录是图 5.3 中 A.5 和 A.6 的监督轨道以及 B.5 和 B.6 的无监督轨道。最后,两条轨道产生一个新的数据矩阵 $\boldsymbol{E}^{(\tau)}$,其中 τ 是隐单元共现中的滞差参数。因此,与第 2 章中一样,与基础关联矩阵 $\boldsymbol{G}$ 一起,公式(5.17)给出了训练模型:

$$\begin{bmatrix}\boldsymbol{G}\\ \boldsymbol{E}\end{bmatrix}=\begin{bmatrix}\boldsymbol{F}^{(g)}\\ \boldsymbol{E}\end{bmatrix}\boldsymbol{Z} \tag{5.17}$$

其中,$\boldsymbol{E}$ 是由多个 $\boldsymbol{E}^{(\tau)}$ 组成的矩阵。该过程由图 5.3 中的轨道 A.7 和轨道 B.7 表示。

设 $\boldsymbol{E}'$ 表示用于测试数据的新数据矩阵。通过求解 $\mathrm{argmin}_{Z'}\,\mathrm{KLD}(\boldsymbol{E}'\|\boldsymbol{F}\boldsymbol{Z}')$ 并通过 $\hat{\boldsymbol{G}}=\boldsymbol{F}^{(g)}\boldsymbol{Z}'$ 计算英语数字的激活概率,可参照第 2 章计算无序误字率。

5.4　词汇习得实验

我们已经基于 TIDIGITS 进行了两组实验来评估获得的隐单元。第一组实验遵循图 5.3 中的轨道 A,其中我们从第 2 章中开发的高斯分布的 NMF 二元模型中习得隐单元,并将其与 NMF 基线和 HMM 基线进行比较,结果显示在良好的高斯分布条件下,NMF 模型接近最佳的 HMM 结果。第二组实验则遵循图 5.3 中的轨迹 B,其中隐单元的学习是在完全无监督的情况下通过采用盲聚的高斯分布来进行的。另外,我们已经展现了子字单元的优点,即它可以从更少的标记示例中习得词汇。

5.4.1　矩阵嵌入实验

在本节中,我们比较矩阵嵌入与有监督训练的 HMM 的性能。我们想专注于学习隐状态结构,因此假定给出了高斯分布集。为了获得最新的结果,我们从监督习得的 HMM 中复制高斯分布集。下一节将介绍盲聚的高斯分布实验。

在 oracle 高斯分布实验中，我们使用 5. 2. 3 节的 NMTF 来学习隐单元，并使用 5. 3. 1 节的矩阵嵌入来获得基于隐单元共现的语音表示。

1) 参数和结果

对于 TIDIGITS 的训练和测试语音，频谱分析的窗长为 25 ms，帧移为 10 ms。梅尔频率倒谱系数提取使用了 30 个梅尔滤波器组，从中计算 12 个 MFCC 系数和帧的对数能量。将 MFCC、Δ 和 ΔΔ 三个向量连接成一个 39 维的特征向量。使用 HTK 对隐马尔可夫模型进行监督训练[125]，其中 16 个状态和 20 个高斯分布分别用于对各个英语数字建模，而静音模型则使用 3 个状态和 36 个高斯分布来建模。在 HMM 状态之间高斯分布不共享，总共需要 $M=3\ 628$ 个高斯分布对所有状态的观测概率建模。为了便于对比，我们使用相同的高斯分布集来创建高斯后验图 $\boldsymbol{X}_t$ 以用于 NMTF 学习框架。

对于每一帧，当构建公式(5. 3)中的 $\boldsymbol{V}_n^{(\tau)}$(图 5. 3 中的轨道 A. 1)以及计算公式(5. 7)中的矩阵嵌入估计 $\hat{\boldsymbol{C}}_n^{(\tau)}$(图 5. 3 中的轨道 A. 5)时，需要保留具有最高后验概率的前 K_1 和 K_2 个高斯分布。选择滞差为 $\tau=2$，$\tau=5$ 和 $\tau=9$，则帧对的时间间隔分别为 20 ms、50 ms 和 90 ms，这代表不同时间尺度上的语境依赖性。L 代表通过三因子分解(图 5. 3 中的轨道 A. 3)发现的每个数字(即 $\boldsymbol{W}$ 的每列)的隐单元的数量。$R_1=12$ 和 $R_2=12$ 分别是式(5. 3)(图 5. 3 中的轨道 A. 1)和式(5. 17)(图 5. 3 中的轨道 A. 7)中分解维数。R_1 和 R_2 的最小值要大于或等于 11，以保证模型有足够的复杂度对 11 个英语数字建模。

无序误字率(UWER)如表 5. 1 所示。第 1 行和第 3 行显示了使用第 3 章中描述的高斯共现统计的直接建模(即没有隐单元)的基线性能。其他几行使用了 5. 3. 1 节的矩阵嵌入方法并具有不同的参数选择。第 7 列指定了嵌入模型，即图 5. 3 中的轨道 A. 3 使用的 5. 2. 3 节中的对称或非对称非负矩阵三因子分解。第 6 列指定了隐单元的共现矩阵 $\boldsymbol{B}^{(\tau)}$ 的约束条件。“随机”表示没有约束条件(采用随机初始化)；“对角线”表示 $\boldsymbol{B}^{(\tau)}$ 是具有带宽 τ 的上对角线结构。HMM 系统的无序误字率为 0. 15%。作为参考，HMM 的常规误字率是 0. 25%。需要注意的是，HMM 的结果是用不同的识别模式获得的，即帧级维特比解码，而不是基于语句级共现计数的检测方法获得的。

表 5. 1 oracle 高斯分布与 NMTF 习得的隐单元在采用基础 NMF 学习的单词习得方面的比较

模型(共现)	K_1	K_2	τ	L	初始 B	NMTF	UWER(%)
高斯分布	3	—	[2,5,9]	—	—	—	0. 73
隐单元	3	3	[2,5,9]	35	随机	不对称	1. 82

续表 5.1

高斯分布	5	—	[2,5,9]	—	—	—	0.58
隐单元	5	3	[2,5,9]	35	随机	不对称	0.44
隐单元	5	5	[2,5,9]	35	随机	不对称	0.44
隐单元	5	3	[2,5,9]	50	随机	不对称	0.47
隐单元	5	3	[2,5,9]	35	对角线	不对称	0.47
隐单元	5	5	[2,5,9]	35	对角线	对称	0.44
隐单元	5	5	[2,5,9]	20	对角线	不对称	0.55

对于 $K_1=5$，隐单元的表示总是优于使用高斯模型的表示。但是嵌入 $K_1=3$ 的矩阵并不能改善相应的基线。当学习 $\boldsymbol{V}$ 和 $\boldsymbol{W}$ 中的共现统计以获得高斯分布和隐单元(或潜在 HMM 状态)之间的关系时，每帧需要保留足够数量的高斯分布。在公式(5.7)中的矩阵嵌入阶段，所提出模型对每个数字的隐单元数量 L 和每帧保留的高斯分布数量 K_2 都具有鲁棒性。但需要注意的是，$\boldsymbol{W}$ 的每列中隐单元太少会降低模型的性能，如表 5.1 中 $L=20$ 时的情况所示。

2) 可视化

我们还进行了用上对角线结构初始化 $\boldsymbol{B}^{(\tau)}$ 的实验。在实验中，$\boldsymbol{B}^{(\tau)}$ 排列为(from, to)，表示其下三角部分为零，上三角部分也只有邻近状态才允许共现。因此，上对角线的带宽被限制为 τ。$\boldsymbol{B}^{(\tau)}$ 的所有其他元素都是零，由于 NMTF 的乘性更新具有零锁定性质，它们始终保持为零。

以 $\tau=5$ 时英语数字"one"的学习为例，获得的共现矩阵 $\boldsymbol{B}^{(\tau)}$ 如图 5.8 所示，其中图 5.8(a)是上对角线初始化，图 5.8(b)是随机初始化。在这两种情况下，$\boldsymbol{B}^{(\tau)}$ 都非常稀疏，这表明隐单元与 HMM 模型呈现出一样的稀疏共现特性。表 5.1 中的上对角线初始化和随机初始化在最终性能表现方面类似(在实验精度内)。

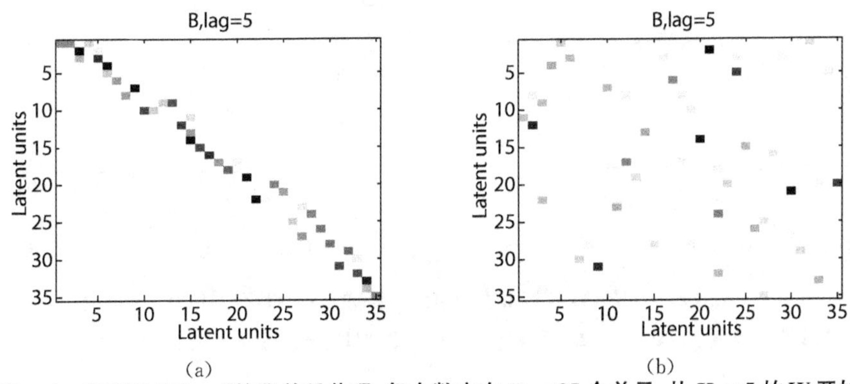

图 5.8 英语数字"one"的隐单元共现，每个数字有 $R_1=35$ 个单元，从 $K_1=5$ 的 W 开始

图 5.9 说明了矩阵三因子分解的一个例子。与数字和静音状态相关联的高斯分布在共现矩阵中被高度激活。通过分解，可以发现表现类似隐状态的隐单元及其转移。

上对角线初始化通过以“from”-“to”对对隐单元进行排序来选择它们的转移。通过分析学习所得的嵌入矩阵，我们发现每个隐单元通常可以激活图 5.9 中几个连续 HMM 状态的高斯分布。所以这些单元确实与 HMM 状态有关，但是它们之间不是一一对应的关系(并不奇怪)。由于该模型能够真正发现类似 HMM 的结构，所以我们可以使用它的输出作为初值来训练 HMM，或者使用它自己的顺序结构进行顺序解码，如图 5.7 所示。NMTF 对中间层隐单元的习得细节可以在文献[102]中找到。

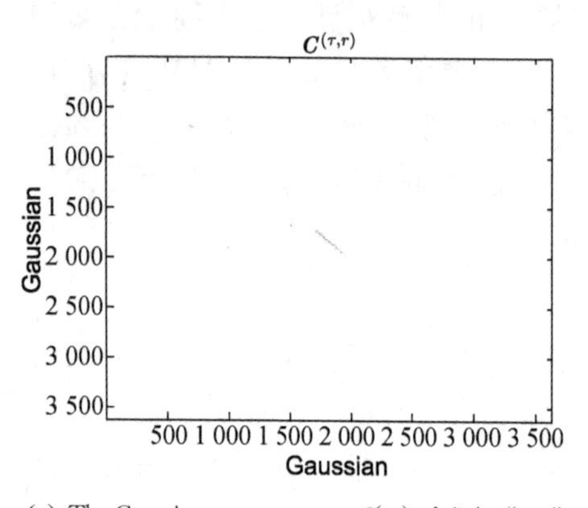

(a) The Gaussian co-occurrences $C^{(\tau,r)}$ of dight “one”

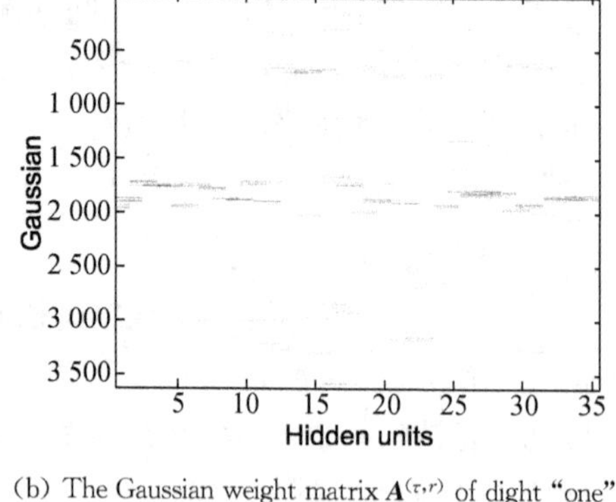

(b) The Gaussian weight matrix $A^{(\tau,r)}$ of dight “one”

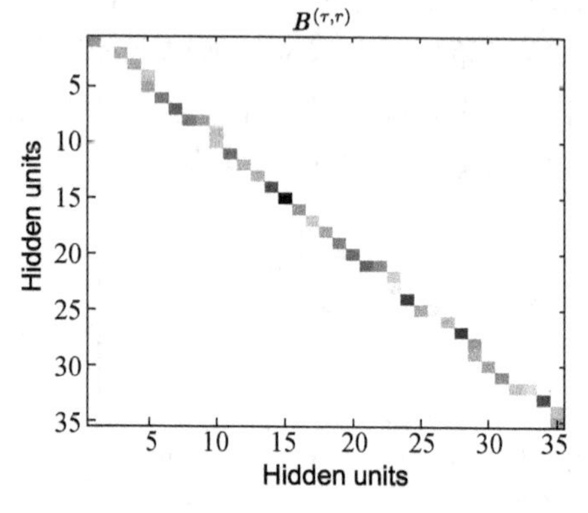

(c) The state co-occurrences $B^{(\tau,r)}$ of dight “one”

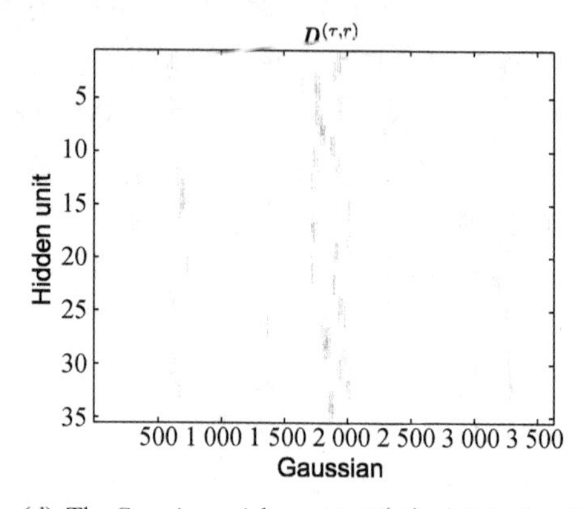

(d) The Gaussian weight matrix $D^{(\tau,r)}$ of dight “one”

图 5.9 HMM 状态和高斯加权矩阵的 NMTF 习得($\tau=2$)

通过 NMTF 习得 $A^{(\tau,r)}$、$B^{(\tau,r)}$ 和 $D^{(\tau,r)}$：$C^{(\tau,r)} \approx A^{(\tau,r)} B^{(\tau,r)} D^{(\tau,r)}$。该示例对应于数字“one”。

5.4.2　序列标记和盲聚高斯实验

在前面的章节中，通过三因子分解习得的隐单元的共现模型相较于高斯分布的直接单层共现建模表现出了更好的性能。那些高斯分布是从有监督学习所得的 HMM 中获得的。在本节中，我们将展示有效的隐单元可以在无监督的情况下学习。因此，我们也可以用无监督学习所得的高斯分布集替换从 HMM 中获得的高斯分布集。此外，我们还将发掘隐单元的自动重用性，使其可以从更少的标记数据中习得词汇。该过程如图 5.3 中的轨道 B 所示。

1）习得隐单元的参数以及后验图的顺序标记

梅尔频率倒谱系数的特征提取和数据库与 5.4.1 节中的相同，但是本节通过使用期望最大化(EM)算法进行高斯混合模型(GMM)的**无监督**训练，可以从训练数据中获得 $M=1\ 000$ 个分量的高斯混合分布。

以高斯共现表示的重复模式的数量，即公式(5.4)中 $\boldsymbol{W}$ 的列数(图 5.3 中的轨道 B.1)是 $R_1=25$。R_1 的选择受第 4 章中表 4.2 中的无监督 NMF 学习结果的影响，其中 25 似乎是平衡模型复杂度和学习精确度的一个较好选择。语境依赖性参数 $\tau=1,2,3$ 用于计算后验图 $\boldsymbol{X}_t$ 的共现。对于每个 $\boldsymbol{C}^{(r,\tau)}$(见图 5.4)，为图 5.3 的轨道 B.3 中 $\boldsymbol{W}$ 的每列提取 $L=10$ 个隐单元。所以在图 5.3 的轨道 B.4 的 $\boldsymbol{A}$ 中总共有 $L*R_1$ 个隐单元。

利用 5.3.2 节中给出的顺序标记，高斯后验图 $\boldsymbol{X}_t$ 可以转换为图 5.3 的轨道 B.5中的隐单元后验图 $\boldsymbol{Y}_t$。对于新的后验图 $\boldsymbol{Y}_t$，利用一组新的滞差参数 $\tau=[1,2,3]$，如第 3.3.2 节中所示计算隐单元共现的直方图，根据公式(5.18)将其存储在新的数据矩阵 $\boldsymbol{E}$ 中，如图 5.3 的轨道 B.6 所示。

2）从标记数据中习得单词

我们通过弱监督语音模式发现来比较两种表示方式(高斯后验图和隐单元后验图)。这项任务是在只有一小部分语音带有监督信息的情况下发现词汇模式。在词汇习得过程中，很多数据可能没有受到监督。例如，在婴儿词汇习得中，有许多话语并没有视觉对应物。同样在机器人词汇习得中，并非所有的话语都包含对应它们的意思的例子。习得过程可以通过公式(5.18)在 NMF 框架中进行近似建模：

$$\begin{bmatrix}\boldsymbol{G}_{:,1:N_1} & \boldsymbol{O}\\ \boldsymbol{E}_{:,1:N_1} & \boldsymbol{E}_{:,N_1+1:N}\end{bmatrix}\approx\begin{bmatrix}\boldsymbol{F}^{(g)}\\ \boldsymbol{F}\end{bmatrix}\begin{bmatrix}\boldsymbol{Z}_{:,1:N_1} & \boldsymbol{Z}_{:,N_1+1:N}\end{bmatrix} \tag{5.18}$$

$\boldsymbol{G}$ 是作为监督的基础关联矩阵，其元素 $G_{s,n}$ 表示基础关联词 s 在语音 n 中出现的频率。N_1 是作为监督的带标签的训练语音的数量。在训练期间，我们总是使用全部 N 条训练语音，只有一小部分数量为 N_1 的语音被标记。从认知上看，这个过程对应于一个婴儿听到了许多话语，但只有一部分能被老师、父母或视觉等感官场景所解释和对应。$\boldsymbol{F}$ 是模式矩阵，其中的每一列都是一个习得的词汇模式。$\boldsymbol{F}^{(g)}$ 反映了词汇模式和基础关联词之间的关联。$\boldsymbol{Z}=[\boldsymbol{Z}_{:,1:N_1}\quad \boldsymbol{Z}_{:,N_1+1:N}]$是系数矩阵,其列代表的是相应语音中发现的词汇模式的概率权重。$\boldsymbol{G}$、$\boldsymbol{F}$ 和 $\boldsymbol{E}$ 的列被 ℓ_1 归一化以平衡基础关联词汇和声学数据矩阵之间的关系。评估指标仍为无序误字率,其计算方式与第 2 章中的相同。

将高斯共现包的表达方式作为基线。只需要将公式(5.18)中的 $\boldsymbol{E}$ 替换为第 3 章中的高斯共现包。相对熵(KLD)是用于计算公式(5.18)中的近似值的代价函数。KLD 指标对零输入不敏感,即零输入对总成本没有贡献。因此公式(5.18)中表示未标记数据的模块 0 对优化没有影响,即:$\mathrm{KLD}(0\|\boldsymbol{E}^{(g)}\boldsymbol{Z}_{:,N_1+1:N_2})=0$。

3) 语音模式的发现

$\boldsymbol{F}$ 和 $\boldsymbol{Z}$ 之间的共同维度,即词汇模式的数量,在公式(5.18)和图 5.3 的轨道 B.7 中表示为 $R_2=12$。评估指标是无序误字率(UWER)。该指标可以将评估集中在词汇表示上。

如图 5.10 所示,虽然隐单元只有少数标记语音($N_1\leqslant 1\ 000$),但其表现却比高斯分布要好得多。这并不出乎预料,因为隐单元中存在参数共享,这就导致仅需较少的数据就可以达到较好的效果。从经验来看,学习一个可靠的单层共现模型所需要的数据量总是充分的。正如文献[47]中指出的那样,自上而下的微调和监督对于帮助多层模型达到较好的效果非常重要。因此,在微调阶段,我们使用基础关联信息将 2.2 节中提取的结构分类为**词汇段**和**静音段**,并用 3 个隐单元模拟静音段。在图 5.11 和表 5.2 中可以观察到该模型对基线系统的改进。0.8%是迄今为止我们使用盲聚高斯分布获得的最低的无序误字率。

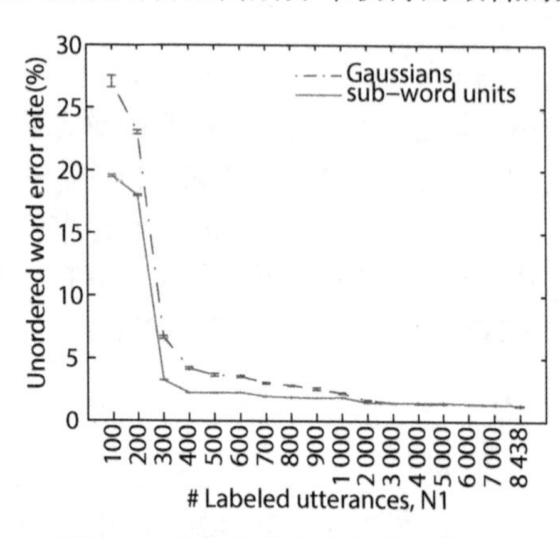

图 5.10　高斯分布和子字单元间的词汇发现性能的比较

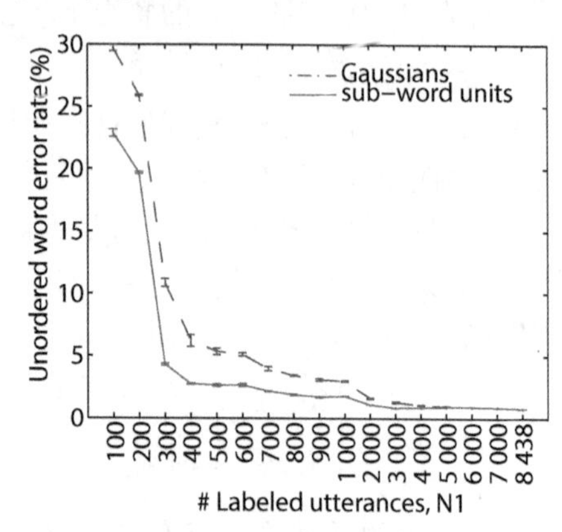

图 5.11　高斯分布和子字单元之间的 TIDIGITS 词汇发现性能的比较

监督信息用于识别词汇模式和垃圾模式,根据这些信息可以习得 10 个词汇模式的子字单元,3 个与无用信息或静音相关的模式的子字单元。

表 5.2 使用隐单位作为特征获得的无序误字率 (%)

N_1	6 000	7 000	8 438
高斯分布	0.95±0.04	0.91±0.00	0.87±0.00
隐单元	0.91±0.00	0.87±0.00	0.80±0.00

表 5.2 中同时还显示了来自高斯分布的基线系统。对所有 $N_{1'}$ 的描述均可在图 5.11 中找到。此表格仅显示放大图 5.11 中两个图的尾部时的结果。

4) 可视化

图 5.12 显示了提取出隐单元后的语音“four-six-two-five”的后验图。从图中可以看到各段比较明显的轨迹。一些隐单元的持续时间很长,如对应于元音部分的 5 至 8 帧,例如 80 到 95 之间的帧段和 105 到 120 之间的帧段。鉴于此,将隐单元命名为“子字单元”是合适的。

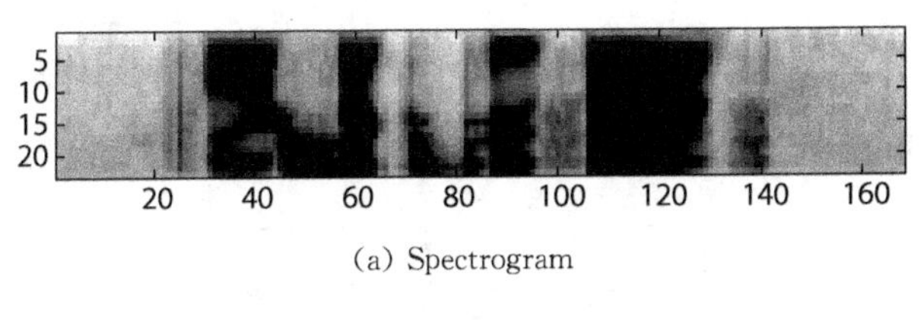

(a) Spectrogram

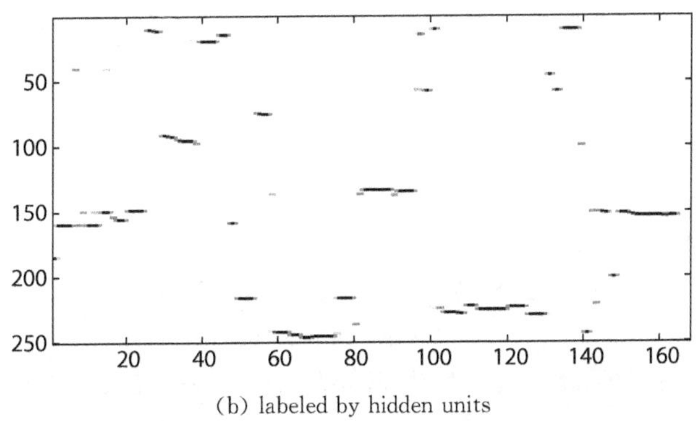

(b) labeled by hidden units

图 5.12 习得的隐单元上的后验概率中语音“four-six-two-five”的表示

图 5.12 中同时显示了对应的语谱图用于比较。

当 $\tau=1$ 时,非负矩阵三因子分解实际学习了一个具有发射矩阵 $\boldsymbol{A}$ 和转移矩阵 $\boldsymbol{B}^{(\tau=1)}$ 的离散密度隐马尔可夫模型。利用发射矩阵和公式(5.9),将隐状态下的帧后验概率 $\boldsymbol{X}_t$ 存储在向量 $\boldsymbol{Y}_t^{(o)}$ 中。利用新的后验图 $\{\boldsymbol{Y}_t^{(o)}, t=1,\cdots,T\}$ 和转移矩阵 $\boldsymbol{B}^{(\tau=1)}$,维特比算法[118]可以找到一个最佳路径来匹配观测帧和隐状态。最佳路径是一个状态序列或一个遵循赢者通吃原则的后验图。利用维特比对齐可以观测到一个更加平滑的片段，如图 5.13 所示。然而，由于维特比对齐只能产生一条最佳路径，在无序误字率方面的性能还不如使用提出的顺序标记方法，甚至比使用原始高斯共现的性能更差，如图 5.14 所示。

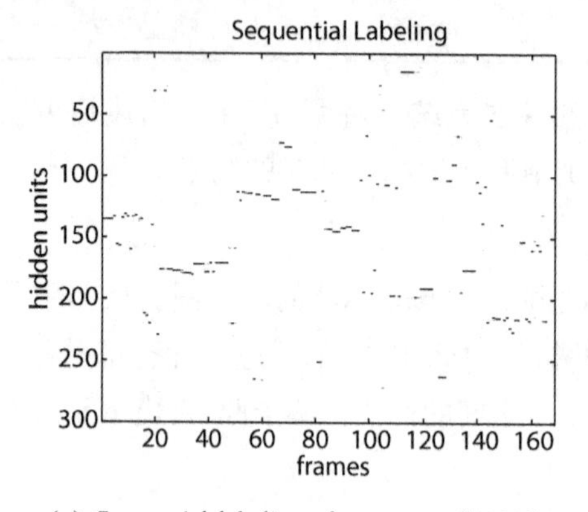

(a) Sequential labeling of utterance "4625" with 300 hidden units

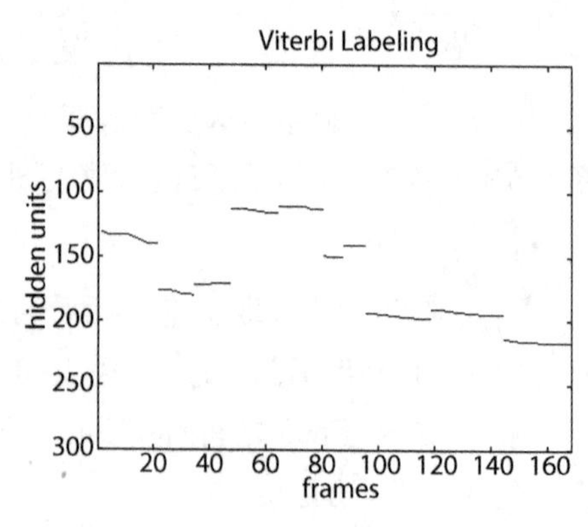

(b) Viterbi labeling of utterance "4625" with 300 hidden units

图 5.13　用于比较提出的顺序标记和维特比标记方法的习得的隐单元的后验图

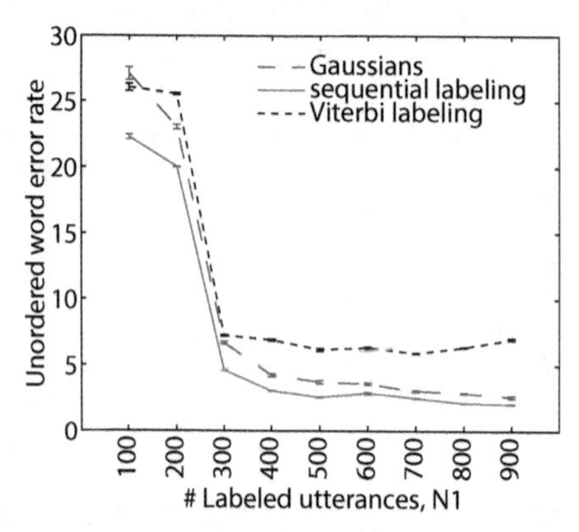

图 5.14　隐单元的高斯分布、序列标记和维特比标记在词汇发现方面的性能比较

值得注意的是，所提出的共现模型和标记方法仅考虑了数据帧的最近邻，使其成为从图像中提取模式或主题的通用工具，即不限于一维数据。所以，该模型和算法也可作为二维图像标注的工具。

5.5　小结

我们已经成功地将基于非负矩阵分解的词汇习得从共现统计扩展到现在包含

一个使用矩阵三因子分解习得的子字单元层。非负矩阵分解发现的词汇模式是以子字单元包的形式出现的，其中每个子字单元本身都是以特征包（BoF）表示的。因此，一个词实际上代表了一系列的特征包。该方法更适用于少量词汇的习得。使用隐马尔可夫模型中一组经转录训练的高斯分布，隐单元取得了迄今为止基于非负矩阵分解的最好结果。在盲聚高斯分布的实验中，可以观察到使用隐单元的表示方式比直接使用高斯分布的表示方式有了显著的改善。

接下来的步骤是将所提出的习得方案应用于改进隐马尔可夫模型的无监督训练，并为通过非负矩阵分解习得的词汇模式赋予序列属性，以便之后可以将其作为字码识别器应用于实际解码。

第6章 利用非负塔克分解对隐马尔可夫模型进行无监督训练

第5章中我们提出了利用非负矩阵三因子分解(NMTF)来习得子字单元的方法。通过子字单元共现的语音表示可以获得比高斯共现表示更低的无序词错误率。所发现的子字单元显示出与HMM状态具有较强的关联性,而子字单元与高斯分布间的联系类似于HMM的发射矩阵。这些发现都促使我们利用矩阵三因子分解来训练隐马尔可夫模型。

在本章中,首先构造了三种隐马尔可夫模型用于序列模式的发现,如本文中的语音词汇的发现。这三种模型分别为离散密度隐马尔可夫模型(DDHMM)、半连续密度隐马尔可夫模型(SCDHMM)和基于相对熵的隐马尔可夫模型(KLDHMM)。共现统计的表示被扩展为非负张量,对其进行分解以估计HMM参数。这个操作被称为非负塔克分解(NTD),可以结合第4章中的NMF模型和第5章中的NMTF模型进行计算。随后将给出NTD和HMM之间的联合训练方法,最后将讨论TIDIGITS词汇发现的相关实验。

6.1 用于序列模式发现的隐马尔可夫模型无监督训练

隐马尔可夫模型擅长对序列数据进行建模,因此被应用于许多序列数据处理任务,如自动语音识别(ASR)[87]、主题检测和分割[7]、手写识别[51]和基因分析[85]等。在ASR中,隐马尔可夫模型分析的数据是观测序列的形式:

$$\boldsymbol{O}_1, \cdots, \boldsymbol{O}_{T_n} \tag{6.1}$$

其中,$\boldsymbol{O}_t$是以MFCC+Δ+ΔΔ为特征的语音帧,T_n是语音n中帧的数量。在第5章中,我们讨论了语音的高斯后验图表示,如下所示:

$$\boldsymbol{X}_1, \cdots, \boldsymbol{X}_{T_n} \tag{6.2}$$

其中,$\boldsymbol{X}_t$是帧$\boldsymbol{O}_t$在多个高斯分布上的后验概率向量。由于$\boldsymbol{X}_t$是$\boldsymbol{O}_t$的函数,我们可以通过使用初始观测符号$\boldsymbol{O}_t$来描述以下隐马尔可夫模型的通用配置和训练框架。

6.1.1 隐马尔可夫模型的拓扑结构和声学模型

一个用于序列$\{\boldsymbol{O}_1, \cdots, \boldsymbol{O}_{Tn}\}$的序列模式发现和识别的隐马尔可夫模型,其中

$1 \leqslant n \leqslant N$ 且 N 是序列的总数，通过连接多个具有非发射起始和结束状态的从左到右的子隐马尔可夫模型来配置，如图 6.1 所示。我们首先考虑每个词汇模式都由一个子隐马尔可夫模型建模。然而，考虑到语音中的发音变化建模，实际需要使用多个子隐马尔可夫模型来为每个单词建模。

隐马尔可夫模型由以下元素表征：

(1) 第 r 个子隐马尔可夫模型的隐状态 $\{S_{r,1},\cdots,S_{r,L_r}\}$，其中 L_r 是某个序列模式的子隐马尔可夫模型中状态的数量。所以 $K=\sum_{r=1}^{R} L_r$ 是隐状态的总数，R 是子隐马尔可夫模型的数量。在没有关于序列模式的任何先验知识的情况下，L_r 在本节中被选为常量 L。

(2) 隐状态序列 $\{Q_1,Q_2,\cdots,Q_{T_n}\}$，其与序列 $\{\boldsymbol{O}_1,\boldsymbol{O}_2,\cdots,\boldsymbol{O}_{T_n}\}$ 相对应，来自长度为 T_n 的第 n 个训练序列。

(3) 转移矩阵 $\boldsymbol{T}_{K\times K}$，其元素 $T_{k,k'}$ 是从 S_k 到 $S_{k'}$ 转移的条件概率：$Pr(Q_{t+1}=S_{k'}|Q_t=S_t),\forall t$。对于图 6.1 中的隐马尔可夫模型，$\boldsymbol{T}$ 具有特殊的结构，只在对角线和次对角线位置 $\{T_{(r-1)L+l',(r-1)L+l'},T_{(r-1)L+l',(r-1)L+l+1}\}$ 和交叉模式位置 $\{T_{rL,(r'-1)L+1}\}$ 上有非零概率，其中 $r,r'=1,\cdots,R$ 且 $l=1,\cdots,L-1$ 且 $l=1,\cdots,L$。

(4) 初始状态分布 $\boldsymbol{\pi}$，其中 $\pi_k=Pr(Q_1=S_k)$。只有模式的初始状态，$\{\pi_{(r-1)L+1},r=1,\cdots,R\}$，可以在 $\boldsymbol{\pi}$ 中具有非零概率。

(5) 发射模型 $a_k(\boldsymbol{O}_t)$，也被称为声学模型，用来衡量隐状态 S_k 和观测 $\boldsymbol{O}_t$ 之间的相似度。

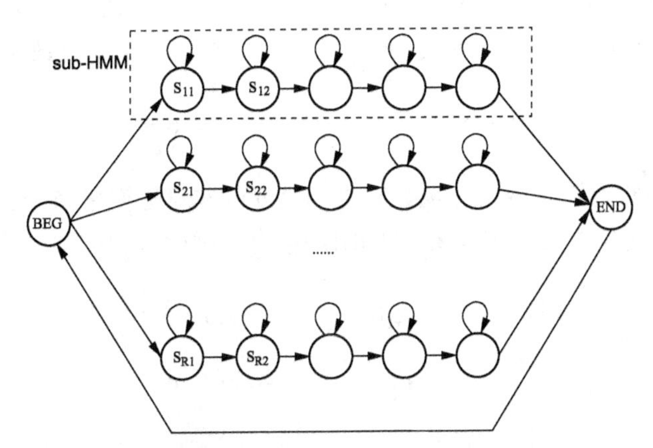

图6.1　用于序列模式发现的 HMM 拓扑结构(每个并行分支称为子 HMM)

总结以上描述，我们可以看出隐马尔可夫模型可以通过一组参数进行描述，即 $\boldsymbol{\Lambda}=\{a_k(.),\boldsymbol{T},\boldsymbol{\pi}\}$。这些参数都是非负的且满足条件 $\sum_{k'}T_{k,k'}$ 和 $\sum_{k}\pi_k=1$。根

据声学模型 $a_k(\boldsymbol{O}_t)$ 的配置，我们讨论三种类型的隐马尔可夫模型，如下所示。

1) 离散密度隐马尔可夫模型

在离散密度隐马尔可夫模型(DDHMM)中，后验图的帧 $\boldsymbol{X}_t$ 被量化为由 X_t 表示的离散符号。在高斯后验图的情况下，观测的字母集合即高斯分布集合 $\{G_1,\cdots,G_M\}$，其中 M 是高斯分布数，因此声学模型由发射矩阵 $\boldsymbol{A}_{M\times K}$ 参数化，其中元素 $A_{m,k}$ 是给定状态 S_k 时观测 $\mathcal{G}_m$ 的条件概率：$A_{m,k}=Pr(X_t=\mathcal{G}_m|Q_t=S_k),\forall t$。在每个时刻 t，通过概率 $\boldsymbol{A}_{X_t,k}$ 选择出具有索引 X_t 的高斯分布，因此

$$a_k(X_t)=A_{X_t,k} \tag{6.3}$$

所以，离散密度隐马尔可夫模型的参数为 $\boldsymbol{\Lambda}=\{\boldsymbol{A},\boldsymbol{T},\boldsymbol{\pi}\}$。

2) 半连续密度隐马尔可夫模型

在半连续密度隐马尔可夫模型(SCDHMM)中，利用高斯混合模型(GMM)来计算给定状态 S_k 时观测 $\boldsymbol{O}_t$ 的条件概率：

$$a_k(\boldsymbol{O}_t)=\sum_m A_{m,k}\,\mathcal{G}(\boldsymbol{O}_t;\boldsymbol{\mu}_m,\boldsymbol{\Sigma}_m) \tag{6.4}$$

其中，矩阵 $\boldsymbol{A}$ 是状态的高斯权重矩阵，$\boldsymbol{\mu}_m$ 是第 m 个高斯分布的均值，$\boldsymbol{\Sigma}_m$ 是对角线的第 m 个高斯分布的协方差矩阵。高斯分布由所有隐状态共享。

3) 基于相对熵的隐马尔可夫模型

基于相对熵的隐马尔可夫模型(KLDHMM)基于后验图表示[2]。状态 S_k 由高斯分布上的多项式分布表征：$\mathbf{A}_k=[A_{1,k},\cdots,A_{M,k}]^{\mathrm{T}}$。如公式(6.5)所示，将后验向量 $\boldsymbol{X}_t$(待测试分布)与隐状态(参考分布)之间的负相对熵作为**对数似然概率**。

$$\log(a_k(\mathbf{X}_t))=-\sum_m X_{m,t}\log\frac{X_{m,t}}{A_{m,k}} \tag{6.5}$$

公式(6.5)中的相对熵是两个多项分布之间差异的非对称度量，它度量的是在使用基于 $\mathbf{A}_k$ 的码本时从 $\boldsymbol{X}_t$ 编码样本所需的附加信息。因此观测的似然度量可表示为

$$\begin{aligned}a_k(\mathbf{X}_t)&=\exp\Big(-\sum\nolimits_m X_{m,t}\log\frac{X_{m,t}}{A_{m,k}}\Big)\\&=\prod\nolimits_m\exp\Big(-X_{m,t}\log\frac{X_{m,t}}{A_{m,k}}\Big)\\&=\prod\nolimits_m\Big(\frac{A_{m,k}}{X_{m,t}}\Big)^{X_{m,t}}\end{aligned} \tag{6.6}$$

6.1.2 训练算法

期望最大化(EM)算法通常用于估计隐马尔可夫模型的未知参数，使数据的依

然性最大化。通常，序列数据 $\boldsymbol{O}^{(n)}$ 带有其序列标签 $\boldsymbol{G}^{(n)}$，从而可建模为有监督训练问题。例如，在自动语音识别中，每个单词标记的隐马尔可夫模型可由最大化公式(6.7)获得：

$$\sum_{n=1}^{N}\log Pr(\boldsymbol{O}^{(n)},\boldsymbol{G}^{(n)}\mid\boldsymbol{\Lambda}) \tag{6.7}$$

然而，在词汇习得任务中，一般不会提供标签或只提供少量标签。在不失一般性的情况下，我们假设前 N_1 个序列被标记，其中 $0\leqslant N_1\leqslant N$。因此，隐马尔可夫模型训练在公式(6.8)中是无监督的：

$$\sum_{n=1}^{N}\log Pr(\boldsymbol{O}^{(n)}\mid\boldsymbol{\Lambda}) \tag{6.8}$$

或者在公式(6.9)中是半监督的：

$$\sum_{n=1}^{N_1}\log Pr(\boldsymbol{O}^{(n)},\boldsymbol{G}^{(n)}\mid\boldsymbol{\Lambda})+\sum_{n=N_1+1}^{N}\log Pr(\boldsymbol{O}^{(n)}\mid\boldsymbol{\Lambda}) \tag{6.9}$$

假设只有少数语音被标记，即 $N_1\ll N$，则公式(6.9)中的监督项对总体目标函数的贡献很小。因此，我们可以首先使用无监督训练来发现序列模式，然后使用(少数)被标记的数据来解释模式。这也类似于深度学习中底层的无监督学习的情况[46,6]。

1) 期望最大化训练

隐马尔可夫模型的期望最大化训练基于公式(6.8)的对数似然函数的辅助函数：

$$\mathcal{A}(\boldsymbol{\Lambda},\bar{\boldsymbol{\Lambda}}):=\sum_{n}\sum_{\boldsymbol{Q}^{(n)}}Pr(\boldsymbol{Q}^{(n)}\mid\boldsymbol{O}^{(n)},\bar{\boldsymbol{\Lambda}})\log\frac{Pr(\boldsymbol{Q}^{(n)},\boldsymbol{O}^{(n)}\mid\boldsymbol{\Lambda})}{Pr(\boldsymbol{Q}^{(n)}\mid\boldsymbol{O}^{(n)},\bar{\boldsymbol{\Lambda}})} \tag{6.10}$$

其中，$\bar{\boldsymbol{\Lambda}}$ 是隐马尔可夫模型参数的估计值，$\boldsymbol{Q}^{(n)}$ 是观测序列 $\boldsymbol{O}^{(n)}$ 对应的状态序列。根据 log(.)的凹性，很容易看出：

$$\begin{aligned}\mathcal{A}(\boldsymbol{\Lambda},\bar{\boldsymbol{\Lambda}})&\leqslant\sum_{n}\log Pr(\boldsymbol{O}^{(n)}\mid\boldsymbol{\Lambda}),\\ \mathcal{A}(\bar{\boldsymbol{\Lambda}},\bar{\boldsymbol{\Lambda}})&=\sum_{n}\log Pr(\boldsymbol{O}^{(n)}\mid\bar{\boldsymbol{\Lambda}})\end{aligned} \tag{6.11}$$

未知参数仅出现在 $\log Pr(\boldsymbol{Q}^{(n)},\boldsymbol{O}^{(n)}\mid\boldsymbol{\Lambda})$ 中，所以我们只需要最大化公式(6.12)(Q 函数)来从 $\bar{\boldsymbol{\Lambda}}$ 更新至 $\boldsymbol{\Lambda}$.

$$\boldsymbol{Q}(\boldsymbol{\Lambda},\bar{\boldsymbol{\Lambda}}):=\sum_{n}\sum_{\boldsymbol{Q}^{(n)}}Pr(\boldsymbol{Q}^{(n)}\mid\boldsymbol{O}^{(n)},\bar{\boldsymbol{\Lambda}})\log Pr(\boldsymbol{Q}^{(n)},\boldsymbol{O}^{(n)}\mid\boldsymbol{\Lambda}) \tag{6.12}$$

根据隐马尔可夫模型的假设，我们将其进一步扩充为

$$\log Pr(\boldsymbol{Q}^{(n)},\boldsymbol{O}^{(n)}\mid\boldsymbol{\Lambda})=\log(\pi_{Q_1^{(n)}})+\sum_{t=1}^{T_n-1}\log[T_{Q_t^{(n)}},Q_{t+1}^{(n)}]+\sum_{t=1}^{T_n}\log[a_{Q_1^{(n)}}(\boldsymbol{Q}_t)] \tag{6.13}$$

Q 函数因此被分解为三项，通过删除与优化无关的项，它们的表示如下：

$$Q_\pi(\boldsymbol{\pi},\bar{\boldsymbol{\Lambda}}):=\sum_{n=1}^{N}\sum_{k=1}^{K}\gamma_1^{(n)}(k)\log(\pi_k) \tag{6.14}$$

$$Q_T(\boldsymbol{T},\bar{\boldsymbol{\Lambda}}):=\sum_{n=1}^{N}\sum_{k,k'=1}^{K}\sum_{t=1}^{T_n-1}\xi_t^{(n)}(k,k')\log(T_{k,k'}) \tag{6.15}$$

$$Q_A(\boldsymbol{A},\bar{\boldsymbol{\Lambda}})=\sum_{n=1}^{N}\sum_{k=1}^{K}\sum_{t=1}^{T_n}\gamma_t^{(n)}(k)\log[a_k(\boldsymbol{O}_t)] \tag{6.16}$$

其中，$\gamma_t^{(n)}(k)=Pr(Q_t^{(n)}=S_k\mid\boldsymbol{O}^{(n)},\bar{\boldsymbol{\Lambda}})$是语音 n 的帧$\boldsymbol{O}_t^{(n)}$ 的状态 S_k的后验概率，$\xi_t^{(n)}(k,k')=Pr(Q_t^{(n)}=S_k,Q_{t+1}^{(n)}=S_{k'}\mid\boldsymbol{O}^{(n)},\bar{\boldsymbol{\Lambda}})$是状态 S_k和状态 $S_{k'}$在语音 n 中从帧$\boldsymbol{O}_t^{(n)}$到帧$\boldsymbol{O}_{t+1}^{(n)}$的共现概率。它们都是通过隐马尔可夫模型参数的当前估计值$\bar{\boldsymbol{\Lambda}}$来估计的。

声学模型中参数的更新应该针对隐马尔可夫模型的三种类型分别进行。在离散密度隐马尔可夫模型中，公式(6.16)变为

$$Q_A(\boldsymbol{A},\bar{\boldsymbol{\Lambda}}):=\sum_{n=1}^{N}\sum_{k=1}^{K}\sum_{t=1}^{T_n}\gamma_t^{(n)}(k)\delta_{X_t^{(n)},i}\log(A_{X_t^{(n)},k}) \tag{6.17}$$

其中，i 是高斯分布索引，δ 是狄利克雷德尔塔函数。

在半连续密度隐马尔可夫模型中，除了权重矩阵 $\boldsymbol{A}$ 之外，还可以估计高斯分布的均值 $\boldsymbol{\mu}_m$和协方差矩阵$\boldsymbol{\Sigma}_m$，可以参考文献[125]了解具体细节。通过使用高斯混合模型的辅助函数，$\boldsymbol{A}$ 的更新可以转化为优化下列 Q 函数：

$$Q_A(\boldsymbol{A},\bar{\boldsymbol{\Lambda}}):=\sum_{n=1}^{N}\sum_{k=1}^{K}\sum_{t=1}^{T_n}\gamma_t^{(n)}(k)\sum_{m=1}^{M}\frac{\bar{A}_{m,k}\,\mathcal{G}(\boldsymbol{O}_t;\boldsymbol{\mu}_m,\boldsymbol{\Sigma}_m)}{\sum_{m'}\bar{A}_{m',k}\,\mathcal{G}(\boldsymbol{O}_t;\boldsymbol{\mu}_{m'},\boldsymbol{\Sigma}_{m'})}\log(A_{m,k}) \tag{6.18}$$

其中，$\mathcal{G}(\boldsymbol{O}_t;\boldsymbol{\mu}_m,\boldsymbol{\Sigma}_m)$是帧$\boldsymbol{O}_t$在高斯分布 m 上的似然概率，$\bar{\boldsymbol{A}}$ 是 $\boldsymbol{A}$ 之前在 $\bar{\boldsymbol{\Lambda}}$ 中的估计值。

对于公式(6.5)中声学模型的基于相对熵的隐马尔可夫模型，需要最大化的目标函数是：

$$Q_A(\boldsymbol{A},\bar{\boldsymbol{A}}):=-\sum_{n=1}^{N}\sum_{k=1}^{K}\sum_{t=1}^{T_n}\gamma_t^{(n)}(k)\sum_m X_{m,t}^{(n)}\log\frac{X_{m,t}^{(n)}}{A_{m,k}} \tag{6.19}$$

通过消除常数项，它也是对数线性的，即：

$$Q_A(\boldsymbol{A},\bar{\boldsymbol{A}}):=\sum_{n=1}^{N}\sum_{k=1}^{K}\sum_{t=1}^{T_n}\gamma_t^{(n)}(k)\sum_m X_{m,t}^{(n)}\log A_{m,k} \tag{6.20}$$

有趣的是，这是离散密度隐马尔可夫模型的扩展形式。不同的是，它考虑了所有的后验概率，而不是只进行向量量化。根据对数线性属性，可以通过使用拉格朗日乘子来推导计算出结果，如后文所示。

最后，利用概率约束求解 $\boldsymbol{\pi}$、$\boldsymbol{T}$ 的行和 $\boldsymbol{A}$ 的列，从而归结为以下约束优化问题：

$$\begin{aligned}\max_{y_1,\cdots,y_K}\quad &\mathcal{L}(y_1,\cdots,y_L)=\sum_{k=1}^{K}\omega_k\log(y_k)\\ \text{s.t.}\quad &\sum_{k=1}^{K}y_k=1,y_k\geqslant 0\end{aligned} \tag{6.21}$$

其中，$\boldsymbol{y}=(y_1,\cdots,y_K)$表示 $\boldsymbol{\pi}$、$\boldsymbol{T}$ 的行或 $\boldsymbol{A}$ 的列，ω_k 是关于 $\boldsymbol{y}$ 的常数项，可以从公式(6.14)、公式(6.15)、公式(6.17)、公式(6.18)或公式(6.20)推导得出。因此应用拉格朗日乘子的更新算法如公式(6.22)所示。

$$y_k=\frac{\omega_k}{\sum_{k'}\omega_{k'}} \tag{6.22}$$

需要注意的是，在更新 $\boldsymbol{A}$ 的列时，应该将变量的数量 K 替换为高斯分布的数量 M。

当计算 $\gamma_t^{(n)}(k)$时，如果帧的所有状态可能性都被保留，则该算法被称为**鲍姆-韦尔奇(BW)算法**；另一方面，如果只有一个状态标识被分配给每个帧，则该过程被称为维特比对齐，并且关于离散密度隐马尔可夫模型的算法被称为**分段 k 均值算法**。

2) 使用模拟退火算法跳出局部极值

上述优化过程迭代地增加了数据似然度。然而，这种优化可能会陷入局部极值。期望最大化训练中的局部最优解可以用模拟退火算法来获得，即随着迭代次数减少的幅度随机扰动参数估计值[84]。模拟退火算法在**足够缓慢的**退火过程和**足够多的**迭代次数的条件下，能够产生概率为 1 的全局最优解。然而，实际上这些条件很难满足。在文献[84]给出的例子中，具有 8 个状态和 9 个观测符号的小型隐马尔可夫模型系统至少需要 60 000 到 400 000 次迭代才能获得较高的数据似然度。

另一方面，我们应该注意到词汇习得的目标不仅是找到一组具有高数据似然度的解决方案，而是发现数据中有意义的序列模式。因此，除了数据似然度之外，其他优化准则也应该被视为词汇习得的目标。

3）联合标记和隐马尔可夫模型参数

在文献[95]中提出了联合学习基础关联标签和隐马尔可夫模型参数的模型（这里将其命名为 JLH），其中第 n 条语音的标签 $\boldsymbol{G}^{(n)}$ 在方程（6.23）中也被视为未知变量。

$$\max_{\boldsymbol{G}^{(n)},\boldsymbol{\Lambda}}\sum_{n=1}^{N}\log Pr(\boldsymbol{O}^{(n)},\boldsymbol{G}^{(n)}\mid\boldsymbol{\Lambda}) \tag{6.23}$$

总之，该方法在给定标签的情况下估计 HMM $\boldsymbol{\Lambda}$[公式（6.24）中的监督训练]和给定 HMM $\bar{\boldsymbol{\Lambda}}$ 的情况下估计模式标签 $\boldsymbol{G}^{(n)}$ 之间交替。

$$\bar{\boldsymbol{\Lambda}}=\operatorname{argmax}_{\boldsymbol{\Lambda}}\sum_{n=1}^{N}\log Pr(\boldsymbol{O}^{(n)}\mid\boldsymbol{\Lambda},\bar{\boldsymbol{G}}^{(n)}) \tag{6.24}$$

$$\bar{\boldsymbol{G}}^{(n)}=\operatorname{argmax}_{\boldsymbol{G}^{(n)}}\log Pr(\boldsymbol{G}^{(n)}\mid\boldsymbol{O}^{(n)},\bar{\boldsymbol{\Lambda}}) \tag{6.25}$$

训练程序保证了联合目标函数单调增加。虽然这种优化方法可以应用于单词发现，但文献[95]中使用的初始化方法却不是这样：初始化从一个频谱不连续性度量开始，将音频分割成类似音素的片段，这可能使得 JLH 很难收敛到单词大小的单元。因此，在进行上述优化程序之间，应该仔细考虑这种方法的初始化。

4）使用奇异值分解训练离散密度隐马尔可夫模型

文献[50,97]提出了通过奇异值分解（SVD）的谱嵌入来学习 HMM 的方法。结果表明，离散密度隐马尔可夫模型的符号共现概率可以使用奇异值分解来估计。该模型利用 SVD 全局收敛的特性，在预测任务中具有很好的渐近性。但是，对于有限的样本，它可能会产生负的 HMM 概率估计值，对该问题的补救可以通过对 HMM 的状态矩阵施加约束来实施，用以描述图 6.1 中子 HMM 的重复序列结构，但这在奇异值分解的框架中不容易操作。这对 HMM 的参数学习有一定的影响。

最近，有学者提出了隐变量非 HMM 的声学模型用以表示语音信号。文献[107]提出了隐含感知映射（Latent Perceptual Mapping，LPM），利用离散符号的共现频率对语音建模，但与文献[103]不同，它依赖于奇异值分解。实际上，LPM 是一种设法回避 HMM 的尝试，虽然它可以用于无监督地估计 HMM 参数，但并不一定严格地按照 HMM 的逻辑来工作。LPM 假设音素分割单元已知，而 HMM

并不需要这一假设。二者的共同点在于都使用了 VQ 标签和隐变量分析。在这个意义上说，LPM 与我们之前的工作（文献[75]和[113]中）更为相似，我们也曾经将隐变量方法用于 VQ 数据来构造非 HMM 的声学模型。不过我们的工作在两个方面区别于 LPM：一个方面是文献[75]和[113]直接对帧级别的 VQ 码字序列建模，而不像 LPM 这样还需要音素级别的标签序列；另一个方面是文献[75]和[113]采用了非负矩阵分解，从而避免了 LPM 中奇异值分解产生的负概率值现象。

5）初始化隐马尔可夫模型的精巧方式

在文献[55]中，通过发现重复的声学模式，即基于分段动态时间规整（SDTW）的词簇，然后训练每个词簇的隐马尔可夫模型，最后对词间的隐马尔可夫模型状态进行聚类，来无监督地构建隐马尔可夫模型。这与本章工作的一个重要区别是，在本章中张量因子分解方法承担了分段动态时间规整的工作，并被纳入隐马尔可夫模型参数估计的迭代过程中统一优化。

其他相关工作涉及对子字单元进行无监督隐马尔可夫模型训练[115,29]。方法是使用设计精巧的聚合和分裂状态的方法来逐渐增加模型的复杂度，目标是发现有意义的子字单元。相比之下，我们从一个隐马尔可夫模型拓扑结构开始，该拓扑结构的参数是通过利用一个张量因子从数据中估计出的，从而迫使隐马尔可夫模型得到有意义的解决方案，这个方法从原则上说并不是针对它正在建模的单元（如音素、音节、单词等）而定制的，实际上是一种通用序列模式建模。

6.2　隐马尔可夫模型训练的非负塔克分解

第 5 章中研究了基于观测符号共现的隐马尔可夫模型习得，其中非负矩阵三因子分解（NMTF）被成功应用于从非负矩阵分解获得的共现统计中学习隐状态及其转移。本节研究一种用于学习隐马尔可夫模型的低秩张量模型，该模型融合了非负矩阵分解和非负矩阵三因子分解，将它们统一于一个结构化的张量分解中。读者可以参考附录 B 中的注释和基本张量操作方法。

6.2.1　语音的非负张量表示

所有训练语音的共现统计用 $M*M*N$ 的张量$\underline{\boldsymbol{X}}$ 表示。其模式 3 片段$\underline{\boldsymbol{X}}_{(3)}^{(n)}$包含具有以下元素的语音 n 的共现矩阵：

$$\underline{X}_{m,m',n}=\sum_{t=1}^{T_n-1}Pr(X_t^{(n)}=\mathcal{G}_m,X_{t+1}^{(n)}=\mathcal{G}_{m'})\qquad(6.26)$$

考虑公式(6.27)中$\underline{\boldsymbol{X}}$ 低秩分解为核心张量$\underline{\boldsymbol{B}}$ 以及系数矩阵$\boldsymbol{A}$ 和 $\boldsymbol{H}$[79,19]：

$$\underline{\boldsymbol{X}} \approx \underline{\boldsymbol{B}} \times_1 \boldsymbol{A} \times_2 \boldsymbol{A} \times_3 \boldsymbol{H}^{\mathrm{T}} \tag{6.27}$$

对应于如下的按元素操作方式：

$$\underline{X}_{m,m',n} = \sum_{k,k',r} \underline{\boldsymbol{B}}_{k,k',r} A_{m,k} A_{m',k'} H_{r,n} \tag{6.28}$$

由于$\underline{X}_{m,m',n}$是计数数据，因此公式(6.27)中的代价函数仍然选为相对熵。至此得到潜在概率模型为

$$Pr(\mathcal{G}_m, \mathcal{G}_{m'} \mid \mathrm{d}_n) = \sum_{k,k',r} Pr(S_k, S_{k'} \mid z_r) Pr(\mathcal{G}_m \mid S_k) Pr(\mathcal{G}_{m'} \mid S_{k'}) Pr(z_r \mid \mathrm{d}_n) \tag{6.29}$$

其中，z_r指第 r 个子隐马尔可夫模型，d_n指第 n 条语音。如公式(6.29)和图 6.2 所示，对于模式 1 和模式 2 分解的对称约束，具有项 $Pr(\mathcal{G}_m \mid S_k)$的矩阵 $\boldsymbol{A}$ 对应于 HMM 的高斯权重矩阵的发射矩阵。具有项 $Pr(S_k, S_{k'} \mid z_r)$的核心张量$\underline{\boldsymbol{B}}$ 的第 r 个模式 3 片段$\underline{\boldsymbol{B}}_{(3)}^{(r)}$是第 r 个子隐马尔可夫模型的隐状态的联合分布矩阵。$\boldsymbol{B}_{(3)}^{(r)}$具有反映马尔可夫属性的次对角线结构。具有项 $Pr(z_r \mid d_n)$的矩阵 $\boldsymbol{H}$ 是语音中的子隐马尔可夫模型的权重矩阵，即 $H_{r,n}$是语音 n 中子隐马尔可夫模型的出现概率。如果单个子隐马尔科夫模型指代单个完整的词，那么激活概率 $H_{r,n}$是词 r 在语音 n 中出现的概率，类似于在文本检索研究领域中主题的出现概率。

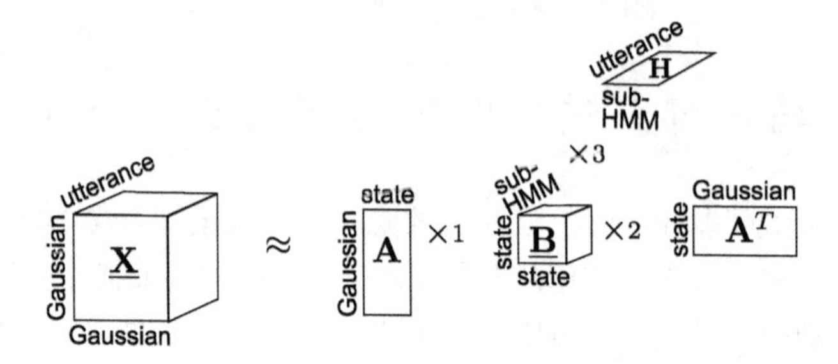

图 6.2　数据张量$\underline{\boldsymbol{X}}$的非负塔克分解同时产生由子 HMM 建模的隐状态和序列模式

6.2.2　隐马尔可夫模型习得的结构化分解

在上述模型中，所有子隐马尔可夫模型共享相同的隐状态，这将导致不同的子隐马尔可夫模型之间的混淆。在核心张量$\underline{\boldsymbol{B}}$ 的模式 3 片段之间施加正交性以迫使不同的子隐马尔可夫模型占据不同的状态。这样，非负塔克分解习得生成一个如图 6.1 所示的隐马尔可夫模型。

综上所述，非负塔克分解需要遵循以下约束：

(1) 矩阵 $\boldsymbol{A}$ 中从$(r-1)L+1$ 到 rL 的列对应于第 r 个子隐马尔可夫模型的

HMM 状态。

(2) 施加正交性于张量$\underline{\boldsymbol{B}}$的模式 3 片段之间。$\underline{\boldsymbol{B}}$的第$r$个模式 3 片段$\underline{\boldsymbol{B}}_{(3)}^{(r)}$是第$r$个子隐马尔可夫模型的隐状态的扩展联合分布矩阵$\boldsymbol{B}^{(r)}$。如图 6.3 底部所示，$\underline{\boldsymbol{B}}_{(3)}^{(r)}$由$\boldsymbol{B}^{(r)}$构造为$\underline{\boldsymbol{B}}_{(3)}^{(r)}=\text{blkdiag}(0,\cdots,0,\boldsymbol{B}^{(r)},0,\cdots,0)$，因此它的大小等于隐马尔可夫模型的转换矩阵$\boldsymbol{T}$的大小。此外，$\boldsymbol{B}^{(r)}$对应于图 6.1 中的隐马尔可夫模型配置具有次对角线结构。子隐马尔可夫模型之间的转换将在公式(6.31)中解释。

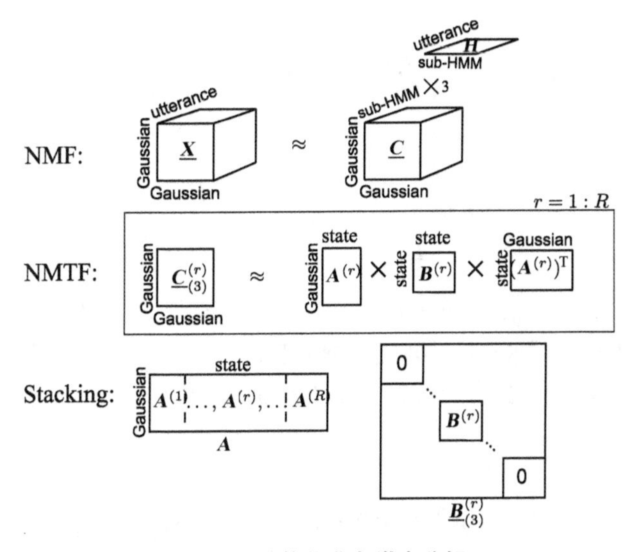

图 6.3　结构化非负塔克分解

结构化非负塔克分解$\underline{\boldsymbol{X}}\approx\underline{\boldsymbol{B}}\times_1\boldsymbol{A}\times_2\boldsymbol{A}\times_3\boldsymbol{H}^{\mathrm{T}}$分三个阶段：(顶部)NMF 提取反复序列模式$\{\underline{\boldsymbol{C}}_{(3)}^{(r)},r=1,\cdots,R\}$，(中间)随后应用 NMTF 以习得每个模式$r$的子隐马尔可夫模型，(底部)将$R$个发射矩阵叠加在一个发射矩阵中(左)，并用零矩阵扩展R个转移矩阵并将它们叠加在核心张量中作为模式 3 片段(右)。

利用正交约束，非负塔克分解可以通过两阶段 NMF-NMTF 算法求解，如公式(6.30)所示，并在图 6.3 中进行了说明。

$$\begin{aligned}
&\text{NMF:} && \min_{\underline{\boldsymbol{C}},\boldsymbol{H}}\text{KLD}(\underline{\boldsymbol{X}}\|\underline{\boldsymbol{C}}\times_3\boldsymbol{H})\\
&\text{NMTF:} && \min_{\boldsymbol{A}^{(r)},\boldsymbol{B}^{(r)}}\text{KLD}(\underline{\boldsymbol{C}}_{(3)}^{(r)}\|\boldsymbol{A}^{(r)}\boldsymbol{B}^{(r)}(\boldsymbol{A}^{(r)})^{\mathrm{T}})\\
&\text{Stacking:} && \boldsymbol{A}=[\boldsymbol{A}^{(1)},\cdots,\boldsymbol{A}^{(R)}],\ \boldsymbol{B}_{(3)}^{(r)}=\text{blkdiag}(0,\cdots,\boldsymbol{B}^{(r)},\cdots,0)
\end{aligned}\tag{6.30}$$

张量$\underline{\boldsymbol{X}}$的大小是$M\times M\times N$。通过将$\underline{\boldsymbol{X}}$的模式 3 片段重新转化成向量，我们可以得到公式(4.1)中所述的数据矩阵$\boldsymbol{V}$，接下来用非负矩阵分解提取低秩矩阵$\boldsymbol{W}$中由高斯共现表示的R个重复出现的序列模式。$\boldsymbol{W}$的每一列的大小均为$M^2\times 1$，将$\boldsymbol{W}$的每一列展开成$M\times M$的高斯共现矩阵，则$\boldsymbol{W}$变为$M\times M\times R$大小的张量$\underline{\boldsymbol{C}}$

的模式 3 片段。权重矩阵 $\boldsymbol{H}$ 保持不变,其大小为 $R\times N$。对于模式 3 片段$\underline{\boldsymbol{C}}_{(3)}^{(r)}$(一个 $M\times M$ 的矩阵),随后应用非负矩阵三因子分解来寻找对应子隐马尔可夫模型的 $M\times L$ 的发射矩阵$\boldsymbol{A}^{(r)}$和 $L\times L$ 的状态转移矩阵。最后,隐马尔可夫模型的发射矩阵 $\boldsymbol{A}$ 通过叠加子隐马尔可夫模型的发射矩阵而获得。核心张量$\underline{\boldsymbol{B}}$ 通过扩展和堆叠来自子隐马尔可夫模型的 $\boldsymbol{B}^{(r)}$ 来构造。

首先定义隐马尔可夫模型的核心张量$\underline{\boldsymbol{B}}$ 和转移矩阵 $\boldsymbol{T}$ 之间的转换 φ 及其逆变换如下:

$$
\begin{aligned}
\varphi: \quad & \boldsymbol{T}=\sum_r \underline{\boldsymbol{B}}_{(3)}^{(r)}+\boldsymbol{E} \\
& T_{k,k'} \leftarrow T_{k,k'} / \sum_{k'} T_{k,k'} \\
\varphi^{-1}: \quad & \boldsymbol{B}^{(r)}=\boldsymbol{T}_{(r-1)*L+1:r*L,(r-1)*L+1:r*L} \\
& \underline{\boldsymbol{B}}_{(3)}^{(r)}=\operatorname{blkdiag}(0,\cdots,0,\boldsymbol{B}^{(r)},\cdots,0)
\end{aligned} \tag{6.31}
$$

$\boldsymbol{E}$ 是通过一个小的正常数 ε(如 $1/K$)连接一个子隐马尔可夫模型的结束状态和任意其他子隐马尔可夫模型的开始状态的矩阵,即 $E_{rL,(r'-1)L+1}=\varepsilon$,其中 $r=1,\cdots,R$,其余均为零。因为矩阵 $\boldsymbol{E}$ 可以在期望最大化训练期间更新,所以矩阵 $\boldsymbol{E}$ 只能在初始化 $\boldsymbol{T}$ 时使用。

6.3 非负塔克分解和隐马尔可夫模型的联合训练方法

非负塔克分解中的优化目标函数并不是凸函数,所以它们可能会陷入局部最优解的困境中。公式(6.30)的非负矩阵分解中序列的共现包表示也表明了其可能丢失原序列的时序信息,从而导致模型与序列顺序相矛盾。换句话说,非负矩阵分解的功能仅仅是将以共现统计量表示的不同序列模式分离开,但并没有约束条件来保证每个分离开的模式真的是由某个观测序列生成的(被打乱顺序的序列结构也可以产生相同的共现统计量)。下面,本节将介绍如何通过联合非负塔克分解和隐马尔可夫模型(此处,鲍姆-韦尔奇算法被用于 HMM 的期望最大化训练)来实现序列约束。

6.3.1 非负塔克分解正则化鲍姆-韦尔奇算法(NTD. Reg. BW)

将非负塔克分解和隐马尔可夫模型结合起来的第一种方法是将 NTD 作为正则化项来构建一个联合目标函数:

$$
\max_{\boldsymbol{A},\boldsymbol{T},\boldsymbol{\pi},\boldsymbol{H}} \sum_n \log Pr(\boldsymbol{O}^{(n)};\boldsymbol{A},\boldsymbol{T},\boldsymbol{\pi})-\lambda * \mathrm{KLD}(\underline{\boldsymbol{X}}\|\varphi^{-1}(\boldsymbol{T})\times_1\boldsymbol{A}\times_2\boldsymbol{A}\times_3\boldsymbol{H}^{\mathrm{T}}) \tag{6.32}
$$

第一项是观测$\{\boldsymbol{O}^{(n)}\}_{n=1}^{N}$对其隐马尔可夫模型的对数似然，第二项是数据张量$\underline{\boldsymbol{X}}$及其重构的相对熵。一组完美的 HMM 参数估计值将适合这两种数据表示：第一项度量 HMM 生成实际序列的能力，而正则化项则表示全局共现视图可以按照6.2节的分解流程分解为各个部分相加。

$\boldsymbol{H}$ 只出现在第二项中，所以它的更新算法与非负矩阵分解的算法保持不变。同样地，$\boldsymbol{\pi}$ 仅出现在隐马尔可夫模型中，因此可以使用期望最大化算法更新。HMM 和 NTD 中对 $\boldsymbol{A}$ 和 $\boldsymbol{T}$ 的优化是基于辅助函数的，可以归结为以下优化问题：

$$\max_{y_1,\cdots,y_M} \quad \mathcal{L}(y_1,\cdots,y_M)=\sum_{m=1}^{M}\omega_m\log(y_m)+\lambda\mu_m\log(y_m)$$
$$\text{s.t.} \quad \sum_{m=1}^{M}y_m=1,y_m\geqslant 0 \tag{6.33}$$

其中，$\boldsymbol{y}=(y_1,\cdots,y_M)$表示 $\boldsymbol{A}$ 的一列或 $\boldsymbol{T}$ 的一行，ω_m是关于 $\boldsymbol{y}$ 的常数项，从公式(6.17)(用于 DDHMM)、公式(6.18)(用于 CDHMM)或公式(6.20)(用于 KLDHMM)中的期望最大化算法的 Q 函数 $Q_A(\boldsymbol{A},\boldsymbol{\Lambda})$推导得出。$\mu_m$是由文献[65]中非负塔克分解的辅助函数[公式(27)]和附录 C 中的公式(C.3)导出的项。因此，通过对公式(6.33)应用拉格朗日乘子获得的联合更新算法如下：

$$y_m=\frac{\omega_m+\lambda\mu_m}{\sum_{m'=1}^{M}\omega_{m'}+\lambda\mu_{m'}} \tag{6.34}$$

在公式(6.34)中，ω_m的总和约等于序列总长度，即数据库中的语音帧数。因此，μ_m的尺度应该与数据量相匹配，从而使得整个过程不需要通过调整正则化常数λ来平衡 HMM 项和 NTD 项。这种尺度保持算法可以确保公式(6.32)中的 NTD 项和 HMM 项之间的相对尺度相对于总数据量(即帧数)保持不变。$\boldsymbol{H}$ 的更新只涉及非负矩阵分解，$\boldsymbol{V}\approx\boldsymbol{WH}$，其中 $\boldsymbol{V}$ 或 $\boldsymbol{W}$ 的列是$\underline{\boldsymbol{X}}$ 或$\underline{\boldsymbol{C}}$ 的展平模式 3 片段。利用更新的 $\boldsymbol{H}$,$\boldsymbol{W}$ 由下列公式计算：

$$W_{i,r}\leftarrow W_{i,r}\sum_{n}\frac{V_{i,n}}{\sum_{i}W_{i,t}H_{t,n}} \tag{6.35}$$

上述更新同时意味着：

$$\sum_{r}W_{i,r}=\sum_{r}W_{i,r}\sum_{n}\frac{V_{i,n}}{\sum_{t}W_{i,t}H_{t,n}}H_{r,n}=\sum_{n}V_{i,n} \tag{6.36}$$

这表明 $\boldsymbol{V}$ 中各特征的激活总量与所获得的低秩矩阵 $\boldsymbol{W}$ 中相应特征的激活总量守

恒。因此,$\underline{\boldsymbol{X}}$ 中的高斯共现的总数与$\underline{\boldsymbol{C}}$ 中的高斯共现的总数相同,即

$$\sum_{m,m',n} \underline{X}_{m,m',n} = \sum_{m,m',r} \underline{C}_{m,m',r} \tag{6.37}$$

在下列非负矩阵三因子分解算法 $\boldsymbol{Z} \approx \boldsymbol{X}\boldsymbol{Y}\boldsymbol{X}^{\mathrm{T}}$ 中,输入为 $\boldsymbol{Z} = \underline{\boldsymbol{C}}_{(3)}^{(r)}$,输出为 $\boldsymbol{X} = \boldsymbol{A}^{(r)}$ 和$\boldsymbol{Y} = \boldsymbol{B}^{(R)}$。在 5.2.3 节中,我们讨论了 $\sum_{m,m'} Z_{m,m'} = \sum_{k,k'} Y_{k,k'}$ 与 $\boldsymbol{X}$ 的按列归一化。因此,片段 $\boldsymbol{C}_{(3)}^{(r)}$ 中高斯共现的计数等于 $\boldsymbol{B}^{(r)}$ 中隐状态共现的计数。如公式(6.30)所示,这个计数也等于片段$\underline{\boldsymbol{B}}_{(3)}^{(r)}$ 中状态共现的计数,此处需要注意到$\underline{\boldsymbol{B}}_{(3)}^{(r)}$ 是通过填充零矩阵来实现的 $\boldsymbol{B}^{(r)}$ 的扩展版本,如式(6.38)所示:

$$\sum_{m,m',r} \underline{\boldsymbol{C}}_{m,m',r} = \sum_{k,k',r} \underline{\boldsymbol{B}}_{k,k',r} \tag{6.38}$$

因此,$\underline{\boldsymbol{C}}$ 中高斯共现的总数等于$\underline{\boldsymbol{B}}$ 中隐状态共现的总数。由于$\underline{\boldsymbol{B}}$ 的模式 3 片段的正交性,利用公式(6.31)从非负塔克分解得到的关于状态转移矩阵 $\boldsymbol{T}$ 的估计值与$\underline{\boldsymbol{B}}$ 中的状态共现数相同。最终表明:

$$\sum_{i,j,n} \underline{X}_{m,m',n} = \sum_{m,m',r} \underline{C}_{m,m',n} = \sum_{k,k',r} \underline{B}_{k,k',r} = \sum_{k,k'} T_{k,k'} \tag{6.39}$$

因此,从非负塔克分解得到的估计状态转移矩阵 $\boldsymbol{T}$ 中共现的总数与训练数据中高斯共现的总数守恒,等价于从鲍姆-韦尔奇算法训练得到的隐状态共现总数。根据它们的定义,$T_{k,l} = Pr(S_k, S_l)$ 和 $A_{i,k} = Pr(\mathcal{G}_i \mid S_k)$,在鲍姆-韦尔奇算法训练中,$A_{i,k}$的估计值为高斯分布 i 和状态 k 的累计共现数,即 $Pr(\mathcal{G}_i, S_k)$。相应地,我们通过 $A_{i,k} \leftarrow A_{i,k} \sum_{l} T_{k,l}$ 来重新调整从非负塔克分解获得的发射矩阵 $\boldsymbol{A}$,从而将条件概率 $Pr(\mathcal{G}_i, S_k)$转化为联合概率 $Pr(\mathcal{G}_i, S_k)$。从非负塔克分解和鲍姆韦尔奇算法中获得的 $\boldsymbol{A}$ 和 $\boldsymbol{B}$ 应具有相同的尺度。

利用优化算法,公式(6.32)中的联合目标函数为单调递增函数。然而,在上述过程中,非负塔克分解和隐马尔可夫模型中的迭代是同步的,即它们都以相同的迭代次数进行更新。根据经验,非负塔克分解通常比隐马尔可夫模型的期望最大化训练需要更多的迭代次数来达到数据收敛(如第 3 章、第 4 章和第 5 章中均需数百或数千次迭代),因此这可能不是最佳选择。因此尽管此方法可以确保联合目标函数不减少,但同步更新对于实际应用来说还是太慢了。

6.3.2 非负塔克分解和鲍姆-韦尔奇算法的交替训练(NTD. Alt. BW)

以异步方式组合非负塔克分解和鲍姆-韦尔奇算法是将 NTD 插入 HMM 的期望最大化迭代中,如图 6.4 所示,其中 NTD 和 BW 在每 α 次期望最大化训练迭代处进行切换。

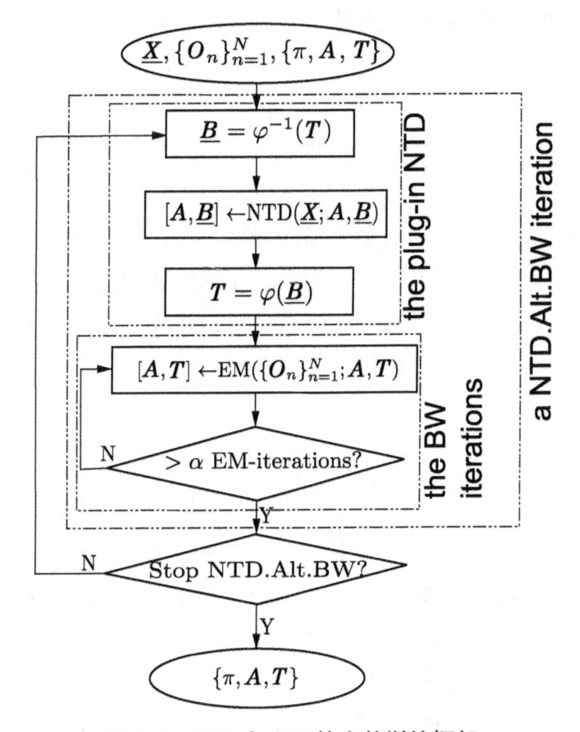

图 6.4　NTD 与 BW 的交替训练框架

当前的 HMM 参数通过 φ^{-1} 转换成它们的张量形式以初始化结构化张量分解。随后通过 φ 将张量参数转换回 HMM 参数，并执行 φ 次鲍姆-韦尔奇迭代。这个过程需要重复若干次。

训练方案的输入是观测语音组$\{O_n\}_{n=1}^N$、非负张量$\underline{X}$以及 HMM 的初始化参数 $\Lambda=\{A,T,\pi\}$。π 在所有初始状态上被初始化为均匀分布，而对于非初始状态的所有其他状态则被初始化为零。A 被初始化为 0 和 1 之间均匀分布的独立同分布(i. i. d)随机变量，然后被归一化为具有单位 ℓ_1 范数的列。T 被初始化为图 6. 1 中 HMM 的状态转移矩阵。T 中各状态的自循环概率和转移概率首先由 0 到 1 之间的均匀分布生成，随后对每个状态的自循环和转出概率进行和为 1 的归一化。

将初始 HMM 参数估计值 $\Lambda=\{\pi,A,T\}$转换为 NTD 参数的初始估计值：矩阵 A 和核心张量$\underline{B}$。随后执行 6. 2 节中介绍的非负塔克分解。更新的$\underline{B}$ 被转换回其状态转移矩阵形式 T，并且与 NTD 更新的发射矩阵 A 一起完成若干次 EM 迭代。更新后的$\{A,T\}$再次用于初始化非负塔克分解。上述过程循环迭代，直到满足停止标准。

图 6. 4 中的非负塔克分解模块的计算如 6. 2 节所示，期望最大化训练模块接近于鲍姆-韦尔奇算法训练[87,5]。EM 训练和整体 NTD. Alt. BW 训练的停止标准可以是完成对训练数据足够次数的迭代或数据似然度不再增加。与用于语音处理

的隐马尔可夫模型的 EM 训练中的常见做法非常相似,我们选择固定次数(α)的 EM 迭代和固定次数(β)的 NTD. Alt. BW 迭代,所以 EM 迭代的总次数为 $\alpha * \beta$。

6.4 TIDIGITS 上的实验

对于 TIDIGITS 上的实验,我们首先比较了用于离散密度隐马尔可夫模型训练的算法和几个基线系统。所提出的算法随后被扩展到连续密度隐马尔可夫模型和基于相对熵隐的马尔可夫模型中。最后,我们将对算法进行讨论并给出建议。TIDIGITS 数据库的相关描述已在 3.3.3 节中给出。

6.4.1 数据准备

和传统的自动语音识别系统一样,语音首先被分割成重叠的帧来计算短时频谱特征,即梅尔频率倒谱系数(MFCC)[52]。窗长为 25 ms,帧移为 10 ms。对于每一帧都要从 30 个梅尔尺度滤波器中提取 12 维梅尔频率倒谱系数。每帧由其梅尔频率倒谱系数加上帧的对数能量表示。计算一阶和二阶差,并将其串联起来形成一个 39 维的特征向量。含有 $M=1\ 000$ 个分量的高斯混合模型通过最大似然 EM 训练以无监督的方式在训练集上获取。

(1) 对于离散密度隐马尔可夫模型,以 n 为索引的语音用两种表示方法表征:观测序列 $\boldsymbol{O}^{(n)}$ 和共现矩阵 $\underline{\boldsymbol{X}}_{(3)}^{(n)}$。序列是通过将每个帧量化为具有最高后验概率的高斯索引而获得的。如公式(6.26)所示,共现矩阵是根据这条语音的高斯索引的累积共现来计算的。

(2) 对于半连续密度隐马尔可夫模型,第 n 条训练语音也以两种表示方法表征:观测序列 $\boldsymbol{O}^{(n)}$ 和共现矩阵 $\underline{\boldsymbol{X}}_{(3)}^{(n)}$。序列即 MFCC$+\Delta+\Delta\Delta$ 向量。共现矩阵是根据这条语音的高斯后验概率的累积共现来计算的,如公式(6.26)所示。

(3) 对于基于相对熵的隐马尔可夫模型,以 n 为索引的训练语音同样以两种表示方法表征:观测序列 $\boldsymbol{O}^{(n)}$ 和共现矩阵 $\underline{\boldsymbol{X}}_{(3)}^{(n)}$。序列是通过计算每帧的高斯后验概率即高斯后验图来获得的。根据公式(6.26),由该语音的高斯后验概率的累积共现来计算共现矩阵。

在这三种情况下,完整的训练数据被描述为一组序列 $\{\boldsymbol{O}_n\}_{n=1}^{N}$ 以及带有计数数据的非负张量 $\underline{\boldsymbol{X}}$,但请注意 $\boldsymbol{O}_n$ 中有不同的内容。

6.4.2 使用离散密度隐马尔可夫模型的实验

离散密度隐马尔可夫模型实验的目的是检验所提出的方法是否优于相应的基线系统。

在第一个实验中,我们选择 $R=30$ 个子 HMM,每个 HMM 具有 $L=10$ 个状态。为了训练非负塔克分解正则化鲍姆韦尔奇算法(NTD. Reg. BW)，选择正则化参数为$\lambda=1$并且EM迭代次数为25。在非负塔克分解和鲍姆-韦尔奇算法的交替训练(NTD. Alt. BW)中，BW迭代从NTD初始化，然后由插件NTD每$\alpha=5$次迭代中断一次，NTD共完成100次迭代。这些NTD中断的总数是$\beta=5$。因此，HMM中EM迭代的总数也是25，而NTD迭代的总数为500。需要注意的是，NTD迭代只需要比EM迭代少得多的计算资源，因为它不需要处理每个数据帧，而只需要扫描一次数据集来计算共现统计量。

由于我们处理的问题是非凸性优化问题，所以初始化就变得十分重要。我们随机生成5组初始HMM参数值，每组作为待对比的所有方法的初始值，以使其具有可比性。对于每种方法，我们可以获得5个性能指标，通过计算各自的均值和方差，可以分析各方法的敏感度。

1) 基线

以无监督习得HMM的三种方法作为基线进行实验：

(1) BW即鲍姆-韦尔奇算法训练[88]，它对HMM参数进行估计，使数据似然度在给定图6.1的HMM拓扑结构的情况下实现最大化。与所提出的方法一样，从同一个HMM开始共执行25次迭代。

(2) BW+SA是带有模拟退火(SA)的鲍姆-韦尔奇算法训练[84]，其中HMM参数估计值被随机扰动的量与指数函数$\exp(-0.1*i)$成比例，i是迭代次数。鉴于数据的扰动，迭代次数在这里设置为100次。在冷却结束时，进行另外25次无扰动迭代以确保最终收敛。

(3) JLH是文献[95]中使用的联合标签和HMM参数估计值，用于构建自组织单元来表示语音，如6.1节所述。

以上三种基线方法都从相同的5组随机HMM参数进行初始化，以便公平对比。

2) 评估指标

模型按以下标准进行评估[104]：

(1) 数据似然度

我们将报告每种方法最终的对数似然函数$\sum_n \log Pr(\boldsymbol{O}_n;\boldsymbol{A})$的值。除带有模拟退火的鲍姆-韦尔奇算法训练(BW+SA)和非负塔克分解和鲍姆-韦尔奇算法的交替训练(NTD. Alt. BW)以外，所有模型中的似然函数值都在单调增加。由于NTD最大化了不同的目标函数，因此HMM的似然度会被NTD降低，但在随后的EM迭代中快速恢复，如图6.5的顶部图中的NTD. Alt. BW图所示。中间图显示了与在EM迭代之前仅一次初始化NTD(NTD. Init. BW)相比，NTD中断实际上有利于数据精确度(如下文所定义),该方法的有效性还体现在最终的对数似然度上,NTD. Alt. BW 和 NTD. Init. BW 的对数似然度分别达到了 -5.707×10^6 和 -5.711×10^6,具体数值如表 6.1 所示。

BW+SA 成功找到了具有更高数据似然度的解,但与其他方法需要 25 次 EM 迭代相比,该方法则需要多达 125 次迭代才能收敛。通过与下文定义的评估 HMM 的其他指标进行比较,我们得出结论,即数据似然可能并不是本书任务中评估 HMM 的一个好指标。

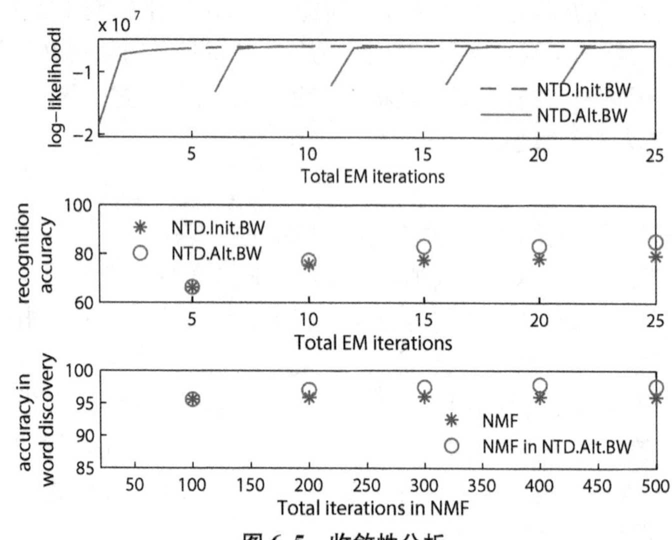

图 6.5 收敛性分析

顶部图:NTD. Alt. BW 和仅有一次 NTD 的初始化鲍姆-韦尔奇算法(NTD. Init. BW)的训练数据的对数似然度。中间图:以百分比表示的中间 HMM 的识别精确度。底部图:以百分比表示的中间 NMF 模型的精确度。

BW+SA 成功找到了具有高数据似然度的解。但需要注意的是,该方法的性质决定了它总共需完成 125 次 EM 迭代才能较好地收敛,而其他参与对比的方法只进行了 25 次迭代。将似然度与其他评估指标进行比较,我们得出结论:数据似然度可能不是衡量无监督学习方法质量的最佳选择。

(2)语音分割

第二个评估标准是连续语音中词汇无监督分割的精确度。参考分割是通过将训练语音用有监督情况下借助于 HTK 训练所得的 HMM 进行分割而获得的。此处使用的精确度指标将语音的参考分割的边界 $b_i(1\leqslant i\leqslant I)$ 与使用无监督方法通过对两个边界列表进行动态规划对齐获得的语音边界 $\tilde{b}_j(1\leqslant j\leqslant J)$ 进行对比。首先,将所有边界对用阈值 ξ 进行两两比较以生成距离矩阵 $d_{i,j}$:如果低于或等于阈值，则它们的距离为零，否则距离为 1。然后寻求从 $d_{1,1}$ 到 $d_{I,J}$ 的成本最低的路径，并且只允许对角、水平或垂直跳转。总代价是对有语音求和，然后除以整个训练语料库的参考分段中的边界总数。随后通过从 100 中减去上述代价值来计算分割精确度。

具有 $\xi=5$ 个帧(50 ms)的 5 次随机初始化的结果如表 6.1 所示。在所有模型中发现的序列模式都与语音中的数字词汇有很强的关系，但 NTD. Alt. BW 模式的效果优于仅由 BW(第一列)训练所得的模式。模拟退火(第二列)和 NTD. Reg. BW(第三列)略有改善，但与 BW 差别不大。

表 6.1　离散密度隐马尔可夫模型的无监督学习算法性能对比

	BW	BW+SA	NTD. Reg. BW ($\lambda=1$)	NTD. Alt. BW
对数似然度 ($\times10^6$)	-5.62 ± 0.04	-5.49 ± 0.05	-5.58 ± 0.04	-5.74 ± 0.05
分割精确度(%)	61.6 ± 3.0	65.0 ± 1.1	64.0 ± 2.3	78.6 ± 1.5
模型纯度(%)	76.1 ± 2.6	79.6 ± 3.5	78.3 ± 3.3	81.0 ± 2.0
识别精确度(%)	62.2 ± 5.8	69.6 ± 5.3	69.8 ± 6.6	85.7 ± 1.4

注：用于无监督习得离散密度隐马尔可夫模型的 BW、BW+SA、NTD. Reg. BW 和 NTD. Alt. BW 的评估：训练数据的对数似然度，以百分比表示的分割精确度，以百分比表示的模型纯度和以百分比表示的识别精确度。

(3) 所发现模式的平均纯度

因为顺序模式是在无监督的情况下习得的，所以它们是匿名的，即不一定被识别为词汇表中的某个单词。为了分析所发现的模式，首先要构建数据库中数字词汇与子 HMM 之间的映射矩阵 $\boldsymbol{Q}$。在此，$\boldsymbol{Q}$ 被构造为基础真实数字词汇与已识别的子 HMM 之间的共现矩阵。可通过上述由监督 HMM 生成的分割来估计这种基础真值，从而为每个数据帧生成一个数字标签。$Q_{j,r}$ 是在基础真值中标记为数字(即 TIDIGITS 中的英文数字) $j(1\leqslant j\leqslant J)$ 的帧的数量，以及在无监督训练结束时标记为子 HMM $r(1\leqslant r\leqslant R)$ 的帧的数量。我们也定义了一个静音模型，因此 $J=12$。

图 6.6 显示了使用相同初始化的不同方法获得的映射矩阵的一些示例。在这里，列(子 HMM)已经根据它们所代表的数字进行了排序。大多数子 HMM 与具体的一个数字密切相关，而另一些则是不同数字的混合(如左上图中的模式 24—30)。有一些数字由多个模式(如所有小图中的数字 5)进行建模，这并不是不可取的，因为这构成了与语义无关的可变模型，例如性别或发音变化。顶部图中的模式

30 可能是与发音"s"强相关的子字单元，因为该模式与共享相同音素"s"的"six"和"seven"密切相关。从图 6.6 中可以看出，NTD. Alt. BW 训练方法在提取纯度较高的模式方面表现出了良好的性能。

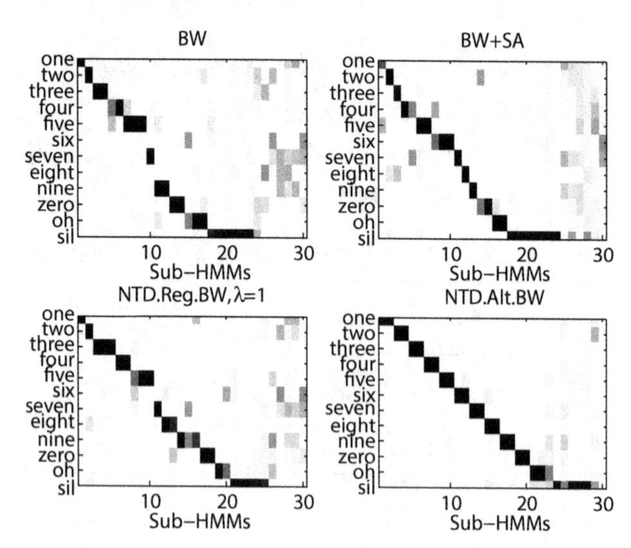

图 6.6　在相同初始化情况下由 4 个不同训练方法所得的子 HMM 与数字之间的映射矩阵 ($R=30, L=10$)

为了更好地量化评估，子 HMM r 的纯度被定义为 $\max_{l'} Q_{l',r} \sum_{l'} Q_{l',r}$。可以看到，一个子 HMM 可实现的最高纯度是 100%，此时每个子 HMM 都严格映射到一个数字或静音。评估量化结果见表 6.1。NTD. Alt. BW 训练在寻找高纯度模式方面优于其他方法。此外，用模拟退火获得的模型在纯度方面也比较优秀。

(4) 测试集上识别精确度

在本节中，习得的子 HMM 可使用维特比解码进行语音识别。为了能够对识别结果进行评分，每个子 HMM 必须与一个数字或静音相关联。我们可以通过上面获得的映射矩阵 $\boldsymbol{Q}$ 来实现这一点。可以提出更复杂的方法，如从格识别输出中归纳出有限状态语法[78]。为了实现共现方法，首先对映射矩阵的列进行归一化，$Q_{j,r} \leftarrow Q_{j,r} \Big/ \sum_{j'} Q_{j',r}$，然后将每个子 HMM 与一个数字或垃圾模式(即静音、混合或与任何数字明确相关的子字)进行关联。利用阈值 η 来识别垃圾模式 $\{r \mid \max_{l'} Q_{l'}, r<\eta\}$，例如在图 6.6 的左上图中的模式 24 至 30。如果某个数字不是由任何子 HMM 建模的，我们则对该数字使用具有最大联合概率的垃圾模型。据此，在图 6.6的左上图中，数字"six"由模式 30 建模，数字"eight"由模式 25 建模。

随后将习得的 HMM 用作测试集上的语音识别器。η=0.6 时的结果如表 6.1 中最后一行所示。通过从 100 中减去单词错误率(包括插入、删除和替换)来计算精确度。删除在识别的字符串中出现的静音和垃圾部分以进行评分。NTD. Alt. BW 显著改进了基线。BW+SA 和 NTD. Reg. BW 在这方面也优于 BW。为了进行比较,用 25 次维特比迭代进行监督训练的 HMM 的精确度为 97.4%。

3) 分析探讨

(1) 基线

具有不同初始化的 JLH:表 6.2 总结了执行从 BW 或 NTD. Alt. BW 模型初始化的 JLH 迭代的影响,如 6.4.2 节所述。JLH 的性能在很大程度上依赖于它的初始化,并且无法持续改进其初始化。注意,在此表中,BW 和 NTD. Alt. BW 的结果是通过对表 6.1 中的模型运行 25 次额外迭代获得的,所以表 6.2 中 4 种方法的 EM 迭代总数相同。

表 6.2 JLH 方法的评估

	BW	由 BW 模型初始化的 JLH	NTD. Alt. BW	由 NTD. Alt. BW 模型初始化的 JLH
对数似然度($\times 10^6$)	−5.56±0.03	−5.67±0.03	−5.58±0.02	−5.77±0.04
分割精确度(%)	61.8±3.0	61.1±2.7	79.7±2.8	77.7±2.0
模型纯度(%)	77.1±2.3	76.3±2.4	85.4±1.5	83.8±1.3
识别精确度(%)	61.3±3.7	51.6±7.4	87.4±3.8	89.0±3.0

注:25 次 JLH 迭代,分别从 BW 和 NTD. Alt. BW 模型初始化(R=30,L=10)。

BW+SA:BW+SA 的表现优于比 BW,特别是在识别精确度方面。但是,SA 需要更多的训练时间。由于随机扰动,该结果会比其他方法更难以重现。BW+SA 成功地在训练数据上找到了一个似然度更高的解。

但是,如表 6.1 和图 6.7 所示,它的子 HMM 不如用 NTD. Alt. BW 获得的纯度高。对分割结果进行更仔细的验证表明,BW+SA 发现的子 HMM 既包含类似音素的子字,也包含较大的不纯的单词大小的单元。例如,在图 6.6 的右上图中,有 4 个子 HMM 被映射到数字"six"。在验证分割时,我们发现它们经常以相同的顺序出现。然而,第一个子 HMM(第 8 列)也在"four"的第一个子 HMM 中被观测到,即它可以对音素"s"和"f"建模。分割验证还表明,第 15 个子 HMM 将"two"和"zero"建模为完整的字模型。对于 NTD. Alt. BW,这种现象出现的频率并不像图 6.6 所示的那样高,而且其分割精确度、纯度和识别精确度都很高。

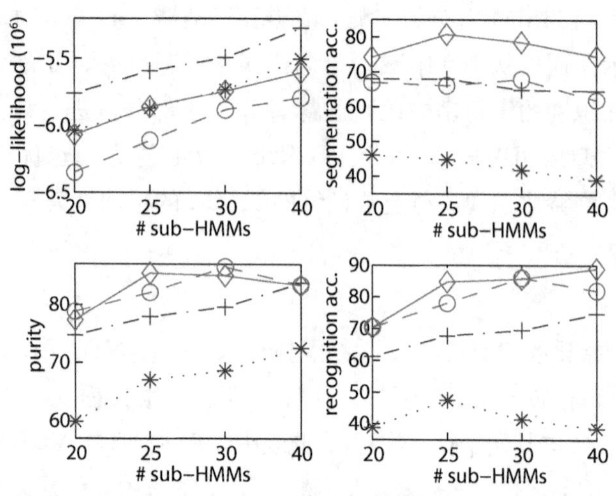

图 6.7 BW＋SA 和 NTD. Alt. BW 在隐状态数量和子 HMM 数量方面的性能

*：具有 5 个状态的 BW＋SA；○：具有 5 个状态的 NTD. Alt. BW；＋：具有 10 个状态的 BW＋SA；◇：具有 10 个状态的 NTD. Alt. BW。

(2) 非负塔克分解在隐马尔可夫模型训练中的作用

从 BW 到 NTD. Reg. BW，所有 5 种初始化以及分割、纯度和识别的性能指标均有了一致的改进，尽管改进程度依旧不如 NTD. Alt. BW。NTD. Reg. BW 具有良好的优化框架，但在分割精确度、纯度和识别精确度方面的表现却比 NTD. Alt. BW 差。原因可能是 NTD 和 BW 的同步更新。根据以往的经验，我们知道 NTD 需要经过数百次迭代才能完成收敛。在 NTD. Reg. BW 中，数据张量与其近似因子分解之间的相对熵修改了期望最大化更新规则。由于我们在相同数量的 EM 迭代上比较了所有方法，所以存在一个严重问题即张量因子分解在 NTD. Reg. BW 中并没有充分收敛。进一步试验表明，更多的迭代次数确实会略微提高性能，但 NTD. Reg. BW 永远无法达到 NTD. Alt. BW 的性能。

图 6.5 的中间部分显示了隐马尔可夫模型的识别精确度是如何通过迭代过程改进的。NTD. Alt. BW 中的中间产物 HMM 比采用相同初始化且迭代次数一致的 BW 训练表现更好。同样，迭代过程中公式(6.30)中 NMF 模型的质量可以用第 2 章所述的无序误字率(UWER)进行评估。我们比较了中间产物 NMF 模型与初始化相同但仅执行第 4 章中描述的分解的普遍 NMF 模型的性能。图 6.5 的底部显示了 NTD. Alt. BW 中 NMF 模型的无序误字率和作为 NMF 迭代总数的函数的普通 NMF 模型的无序误字率。在这里我们也观察到了改进。因此我们可以得出这样的结论：交替优化 NTD 和 HMM 对两种表示都有好处。

(3) 参数敏感度

在无监督训练中，不能利用先验信息或基础关联标签来调整参数。因此，一个好的模型应该对用户指定参数的选择具有鲁棒性。子 HMM 的数量 R 和每个子 HMM 的隐状态数量 L 是配置中两个最重要的参数。因此我们在图 6.7 中展示了两个参数的敏感度。一般来说，在 TIDIGITS 数据库的单词发现上，含有 10 个状态的子 HMM 的性能应该优于含有 5 个状态的子 HMM 的性能。NTD. Alt. BW 对于状态数量的敏感度比 BW+SA 更强。仅对于纯度的性能度量且有 10 个状态时，BW+SA 接近 NTD. Alt. BW 的结果。然而，BW+SA 进行了 125 次 EM 迭代，而 NTD. Alt. BW 只进行了 25 次，这使得前者的训练速度要比后者慢得多。

NTD. Reg. BW 在不同尺度的正则化参数 λ 下的性能如图 6.8 所示。正如预期的那样，在 NTD. Reg. BW 中，$\lambda=1$ 使得 HMM 和 NTD 之间取得了很好的平衡，而 $\lambda>1$ 时则会产生与 BW 明显不同的结果。NTD. Reg. BW 得到的似然度随着 λ 的增加而减小，这并不奇怪，因为更多的权重被分配给了不直接最大化序列数据似然度的非负塔克分解。在较大正则化参数的情况下，NTD. Reg. BW 在分割和识别精确度方面优于 BW 和 BW+SA。所以，子 HMM 集合仍然包含能够对词汇精确建模的成员。然而，对映射矩阵的检验还显示，由于较大的 λ 相对放松了对帧间跳转的约束，随之出现了更多的垃圾子 HMM，这就是图 6.8 中出现较低纯度的原因。

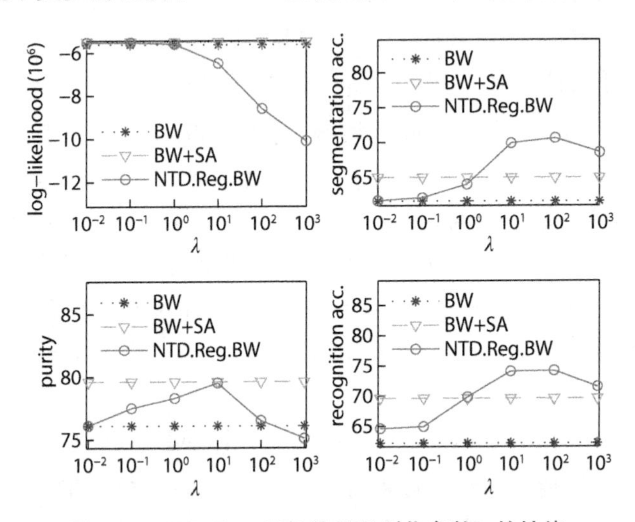

图 6.8　NTD. Reg. BW **关于正则化参数** λ **的性能**

子 HMM 的数量是 $R=30$ 并且每个子 HMM 的状态数量是 $L=10$。NTD. Reg. BW 和 BW 共完成 25 次 BW 迭代，而 BW+SA 完成 125 次迭代。

(4) 统计显著性

表 6.1 中所示的一些标准差可能会对所提出的算法能产生更好的解的结论提出质疑。由于对于 5 次尝试中的每一次，所有 4 种算法都使用了相同的初始化，所以在本小节中进行配对 t 测试来检查差异的显著性，结果列于表 6.3 中。从表中

我们可以看到，NTD. Reg. BW 确实优于 BW，但并没有优于 BW+SA，并且 NTD. Alt. BW 优于所有其他算法。该测试否定了 BW+SA 以高 p 值改进 BW 的假设。

表 6.3 配对 t 测试的结果

μ_1 μ_0	BW+SA BW	NTD. Reg. BW BW	NTD. Alt. BW BW
	$h=0$ $p=0.08$ $ci=[-1.55,17.62]$	$h=1$ $p=6.910-3$ $ci=[3.22,10.82]$	$h=1$ $p=6.610-4$ $ci=[17.14,31.12]$
μ_1 μ_0	NTD. Reg. BW BW+SA	NTD. Alt. BW BW+SA	NTD. Alt. BW NTD. Reg. BW
	$h=0$ $p=0.82$ $ci=[-12.65,10.62]$	$h=1$ $p=4.710-4$ $ci=[11.83,20.36]$	h=1 $p=4.310-3$ $ci=[8.97,25.25]$

注：双侧配对 t 测试的具体细节为 $H_0:\mu_0=\mu_1$；$H_1:\mu_0\neq\mu_1$。h 是测试结果：$h=0$ 表示在 5%的显著性水平下不能拒绝零假设，而 $h=1$ 表示在 5%的显著性水平下可以拒绝零假设。如果零假设为真，则 p 是观测到给定结果或更极端值的概率。p 的小值会令零假设的有效性产生质疑。ci 是真均值的 95%置信区间，或配对测试 $\mu_1-\mu_0$ 的 95%置信区间。

6.4.3 DDHMM、SCDHMM 和 KLDHMM 之间的比较

通过前面的章节对使用非负塔克分解习得离散密度隐马尔可夫模型(DDHMM)进行广泛分析之后，我们将该分析拓展到半连续密度隐马尔可夫模型(SCDHMM)和基于相对熵的隐马尔可夫模型(KLDHMM)这两种变体中。和在 DDHMM 中一样，隐马尔可夫模型参数是随机初始化的。该算法将从包含重复单词的连续语音数据中发现一些模式，随后通过与监督分割的逐帧匹配来进行评估，以计算其纯度，如 6.4.2 节所示。从 SCDHMM 和 KLDHMM 获得的映射矩阵如下所示。

1) 半连续密度隐马尔可夫模型(SCDHMM)

图 6.10 显示了使用两种不同的随机初始化(尝试)对 SCDHMM 进行无监督训练得到的映射矩阵。由于使用了一个连续密度来描述隐状态的发射密度，所以在上述实验中使用了相对较少的 $M=500$ 个高斯分布，而不是 $M=1\ 000$ 个高斯分布。创建并随机初始化 $R=25$ 个子 HMM，每个子 HMM 具有 $L=10$ 个隐状态。BW 训练经过 25 次期望最大化，NTD. Alt. BW 训练分别经过 5 次非负塔克分解和 5 次期望最大化。与表 6.1 和图 6.6 相比，SCDHMM 的 BW 训练发现的模式比 DDHMM 的 BW 训练发现的模式具有更高的纯度。SCDHMM 的 NTD. Alt. BW 训练对于与数字相对应的纯模式能产生最佳结果。

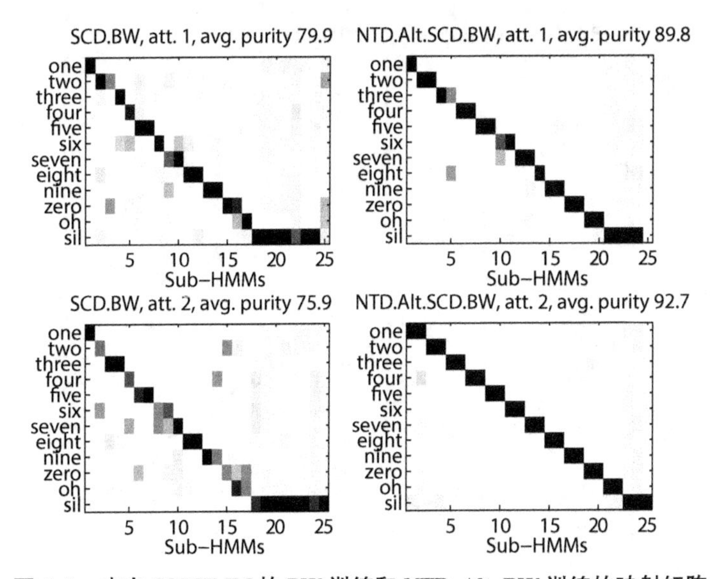

图 6.9　来自 SCDHMM 的 BW 训练和 NTD. Alt. BW 训练的映射矩阵

BW 训练经过 25 次期望最大化，NTD. Alt. BW 训练分别经过 5 次非负塔克分解和 5 次期望最大化。

2）基于相对熵的隐马尔可夫模型(KLDHMM)

KLDHMM 也使用了 $M=500$ 个高斯分布，其 HMM 结构为具有 $R=25$ 个子 HMM 和 $L=10$ 个隐状态，并采用与 SCDHMM 相同的初始化。使用两种不同初始化(尝试)对 KLDHMM 进行无监督训练得到的映射矩阵如图 6.10 所示。

从映射矩阵可以看出，在高纯度意义上，KLDHMM 的 BW 和 NTD. Alt. BW 训练的效果比 DDHMM 和 SCDHMM 的无监督训练差。可以观察到在 KLDHMM 的无监督训练中获得的子 HMM 之间存在很多混淆的部分，一个可能的原因是 KLDHMM 中的 BW 算法带来了太多的不确定性。仔细检查 KLDHMM 中的声学模型，以确定是否适合使用公式(6.6)作为发射密度。通过扩展公式(6.6)，我们得到了帧 t 处的观测后验值 $\boldsymbol{X}_t$ 与状态 k 的发射概率 $\boldsymbol{A}_k$ 之间的关系，如公式(6.40)至公式(6.42)所示，其中 $0\leqslant X_{m,t}\leqslant 1$，$0<A_{m,k}<1$，$\sum_m X_{m,t}=1$ 且 $\sum_m A_{m,k}=1$。

$$\left(\frac{A_{m,k}}{X_{m,t}}\right)^{X_{m,t}}=1,\ X_{m,t}=0 \tag{6.40}$$

$$\left(\frac{A_{m,k}}{X_{m,t}}\right)^{X_{m,t}}>1,\ 0<X_{m,t}<A_{m,k} \tag{6.41}$$

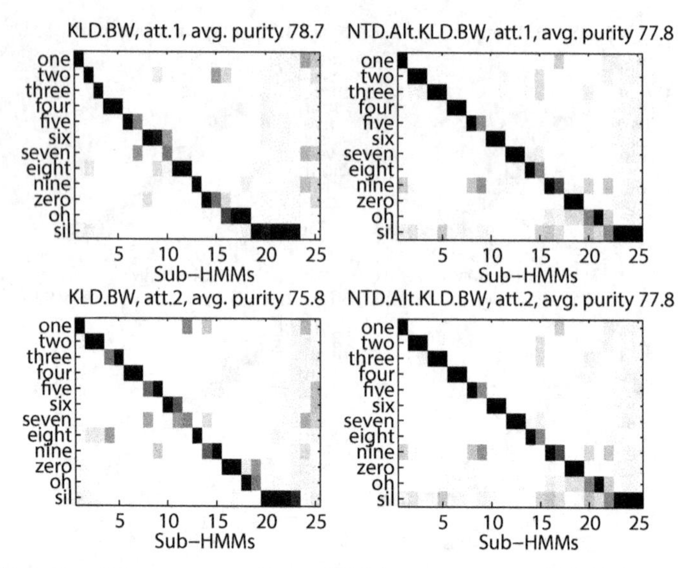

图 6.10　来自 KLDHMM 的 BW 训练和 NTD. Alt. BW 训练的映射矩阵

BW 训练经过 25 次期望最大化，NTD. Alt. BW 训练分别经过 5 次非负塔克分解和 5 次期望最大化。

$$\left(\frac{A_{m,k}}{X_{m,t}}\right)^{X_{m,t}}<1,\ X_{m,t}>A_{m,k} \tag{6.42}$$

公式(6.41)和公式(6.42)有一点违反直觉，因为一个较小的 $X_{m,t}$ 会放大公式(6.41)中的总似然度，而公式(6.42)中较大的 $X_{m,t}$ 则会缩小总似然度。随后在前向-后向算法中估计帧隐状态的后验概率的过程中，不相关的隐状态能够从公式(6.41)中获得较高的概率，而相关的隐状态则能根据公式(6.41)获得较低的概率。

通过 KLDHMM 的 BW 训练模式可以在子隐马尔可夫模型间发现大量的混淆状态，对此，我们可以采用维特比对齐来获取最佳路径，而无需通过 BW 算法来获取所有路径。维特比对齐和非负塔克分解的交替训练法被称为 NTD. Alt. Vit。来自维特比训练和 NTD. Alt. Vit 训练的映射矩阵如图 6.11 所示，它们的参数及初始化均与 KLDHMM 的 BW 训练完全一致。通过这种方式可以获得高纯度的单词模式。我们也尝试仅使用迭代维特比对齐来进行 KLDHMM 的无监督训练，然而 $R=25$ 个子隐马尔可夫模型在经过几次 EM 迭代之后就分解为单个隐马尔可夫模型，并且未发现任何有意义的模式。

6.4.4　从少量标记示例和大量未标记连续语音中习得

在儿童的词汇习得中，看护人使用少量孤立的语音表示物体并对其进行命名的现象并不罕见，这些词后来会被儿童用于连续语音的识别中。在机器人语言习

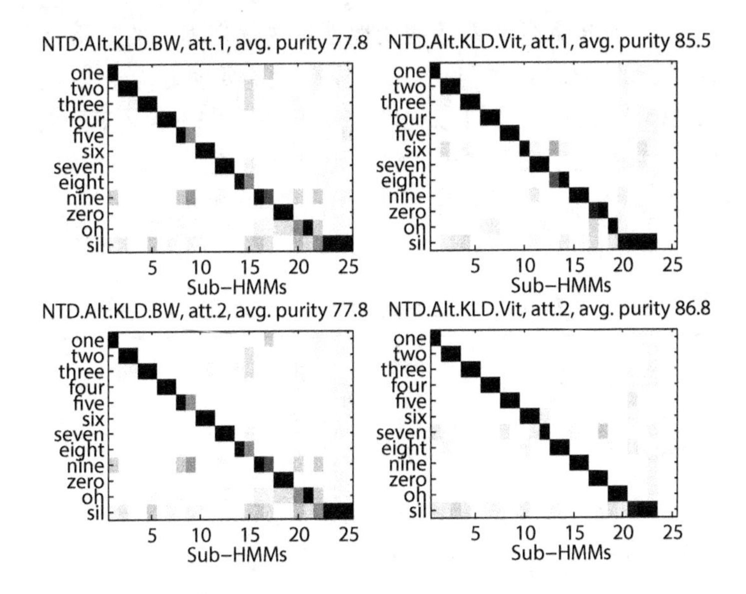

图 6.11　来自 KLDHMM 的维特比训练和 NTD. Alt. Vit 训练的映射矩阵

参数及初始化与 SCDHMM 和 KLDHMM 的 BW 训练一致。维特比训练经过 25 次期望最大化，NTD. Alt. Vit 训练分别经过 5 次非负塔克分解和 5 次维特比对齐。

得中也可以应用类似的学习范式。在本节中，我们将说明这种方法对语音习得的精确度非常有利，即使只有两个带标签的孤立示例将与大量未标记的连续语音一起使用。

接着我们将进一步比较 DDHMM、SCDHMM 和 KLDHMM 的 NTD. Reg. BW 习得以及使用这种改进的初始化方法后的模型性能。

我们的任务是利用少量标记语音来习得单词，操作过程如下：通过每个单词的一些语音初始化算法，其中一条语音仅包含一个单词，使用包含这些单词的未标记连续语音训练算法，并通过识别未标记语音中的单词来评估习得的单词模型。在接下来关于此任务的实验中，每个数字都由两个语音初始化：一条来自某个男性说话者，另一条来自某个女性说明话者。语音被均匀地分割成 L 个片段以初始化该语音所包含英文数字的子 HMM 的 L 个状态。同一个数字的男性和女性语音的初始化被累积，我们称之为 oracle 初始化。

用准确解初始化 DDHMM、SCDHMM 和 KLDHMM 所得的结果如表 6.4、表 6.6 和表 6.5 所示。其中，SCDHMM 中的高斯分布参数并不更新，从而保持 NTD. Reg. BW 中数据张量的不变性。如数据张量不固定，那么目标函数本身将不断变化，从而使得优化过程失去意义。

所有模型都由最低误字率（WER）来评估，其中 WER 是通过以 5 为步长在

−300到100之间对词插入惩罚系数的线性搜索寻优来确定的。所有的习得算法都是收敛的。对于DDHMM，NTD. Reg. BW的性能要明显优于BW。但是，对于KLDHMM和SCDHMM，NTD. Reg. BW与BW的性能不相上下。对于习得任务来说，SCDHMM的NTD. Reg. BW训练拥有最佳性能。未来的研究工作可以更多地关注从少量标记数据和大量未标记数据中习得词汇模式，如文献[3]中指出的问题。

表6.4　用NTD. Reg. BW训练的DDHMM作为语音识别器的性能

	BW	$\lambda=10^{-2}$	$\lambda=10^{0}$
对数似然度($\times10^{6}$)	−5.95	−5.93	−6.17
替换错误数	71	21	20
插入错误数	38	8	12
删除错误数	38	16	13
错误总数	3 257	3 257	3 257
WER (%)	4.51	1.38	1.38
优化词惩罚	−300	−60	−45

注：M=1 000个高斯分布，R=12个子隐马尔可夫模型，每个子隐马尔可夫模型有L=10个状态且均经过25次迭代。第一列：鲍姆-韦尔奇训练；第二及第三列：具有所列正则化权重的NTD. Reg. BW。

表6.5　用NTD. Reg. BW训练的SCDHMM作为语音识别器的性能

	BW	$\lambda=10^{-1}$	$\lambda=10^{0}$
对数似然度($\times10^{6}$)	−5.58	−5.58	−5.61
替换错误数	11	9	63
插入错误数	4	2	25
删除错误数	9	9	154
错误总数	3 257	3 257	3 257
WER (%)	0.74	0.61	7.43
优化词惩罚	−30	−30	−50

注：M=1 000个高斯分布，R=12个子隐马尔可夫模型，每个子隐马尔可夫模型有L=10个状态且均经过25次迭代。第一列：鲍姆-韦尔奇训练；第二及第三列：具有所列正则化权重的NTD. Reg. BW。

表 6.6　用 NTD. Reg. BW 训练的 KLDHMM 作为语音识别器的性能

	BW	$\lambda=10^{-1}$	$\lambda=10^{0}$
对数似然度（$\times 10^6$）	−5.29	−5.32	−5.45
替换错误数	11	10	11
插入错误数	4	6	8
删除错误数	9	8	11
错误总数	3 257	3 257	3 257
WER (%)	0.74	0.74	0.92
优化词惩罚	−20	−15	−10

注：$M=1\ 000$ 个高斯分布，$R=12$ 个子隐马尔可夫模型，每个子隐马尔可夫模型有 $L=10$ 个状态且均经过 25 次迭代。

6.5　小结

本章提出了一个非负塔克分解(NTD)模型来无监督训练一个 HMM 模型，用于序列模式发现、分割和识别。同时提出了两种联合习得 NTD 和 HMM 参数的训练方案：HMM 的 NTD 正则化鲍姆-韦尔奇训练以及 NTD 和 HMM 的交替训练。对于 DDHMM 训练，第二个方案优于第一个方案，鲍姆-韦尔奇训练和模拟退火更适合从真实词语数据中发现语音模式的任务。NTD 和 HMM 组合习得的优势在于 NTD 用共现模式解释了数据，从而提供了数据的全局视图，而 HMM 则完成了对局部序列方面的精确建模。参数敏感性研究表明，需要对模式数量及其长度有一定的先验知识，但确切的数值并不重要。该算法已扩展到 SCDHMM 和 KLDHMM 中，通过它可以发现具有高纯度的词汇模式。

第7章　结　论

本章将概述本书的主要贡献及未来的研究方向。

7.1　主要贡献

本书旨在通过研究新的语音表示来获取词汇习得的方法。在语音的特征包(BoF)表示的基础上，提出并评估具有约束条件的非负矩阵分解(NMF)算法以提升语音词汇的表示效果。本书的主要贡献是在以下方面优化了特征包表示方法。

1) 多视角特征包

传统的特征包表示是对特征出现的频率计数。在第3章中，我们通过使用多视角(或多组)特征对特征包表示进行了改进。非负矩阵分解学习框架中还使用了一些高阶统计量，如特征共现/特征三联体。这些表示方式在词汇习得方面均表现出优秀的性能。

2) 流形结构特征包

由于特征显示出相似性或接近性(例如在图像中)和高阶统计量的指数性质，一些特征关系很难通过共现或三联体表示。特征的相似性可以反映在以特征为顶点的图邻接矩阵中。邻接矩阵完全由离散化的流形图拉普拉斯算子确定。因此，第4章中提出的图正则化非负矩阵分解实际上是寻求关于流形特征结构的特征包表示。图正则化非负矩阵分解是一种通用工具，在语音、文档和图像分析方面均表现出优秀的性能。

3) 一系列特征包

在使用隐马尔可夫模型的语音识别器中，隐状态在连接声学观测和语言学标签(音素或词)方面起着至关重要的作用。在第5章中，通过非负矩阵三因子分解(NMTF)习得了类似于隐状态的子字单元。因此，非负矩阵分解发现的词汇模式是一种子字单元包的形式，其中每个子字单元本身都是特征包形式。因此，一个词实际上代表了一系列的特征包。在低无序误字率和快速词汇习得率方面，这种表示方式要优于使用原始声学观测进行词汇习得的方法。

4) (子)隐马尔可夫模型包

受到第5章中的非负矩阵三因子分解学习的启发，通过组合HMM的EM训练和非负塔克分解(NTD)来研究 HMM 的无监督学习。在非负塔克分解中,每条语音都被分解为一个子 HMM 包,其中一个子 HMM 表示一个语音单元(在我们的例子中是一个单词)。提出了联合学习算法来优化 NTD 和 HMM,所发现的序列模式显示出与数据标签中的词汇具有较强的相关性。

上述主要贡献可以作为通用工具,不仅可以用于语音处理,也可以应用于其他领域,如分析基于文本的文档、视频、基因序列、手势和手写等。

7.2　未来研究方向

7.2.1　增量学习框架

针对大量词汇的习得,我们需要设计一个增量式学习框架。首先,机器将获取少量与其他输入模式或基础关联标签相关联的单词。至于未标记数据,机器需要从连续语音中发现新的重复语音模式。

这个过程可以通过如图 7.1 所示的在隐马尔可夫模型中引入新的分支来实现。实线表示的子 HMM 代表机器已经获得的词汇,虚线表示的子 HMM 代表新的习得单词,之后它们将与一些“意义”联系起来。基于 NTD(由 NMF 和 NMTF 实现)和 HMM 的交替学习框架,新包含的子 HMM 可以首先通过它们在(7.1)式的 $\boldsymbol{W}^{(\text{new})}$ 中的观测符号的共现包来建模,也就是第 2 章所讨论的增量字典学习。

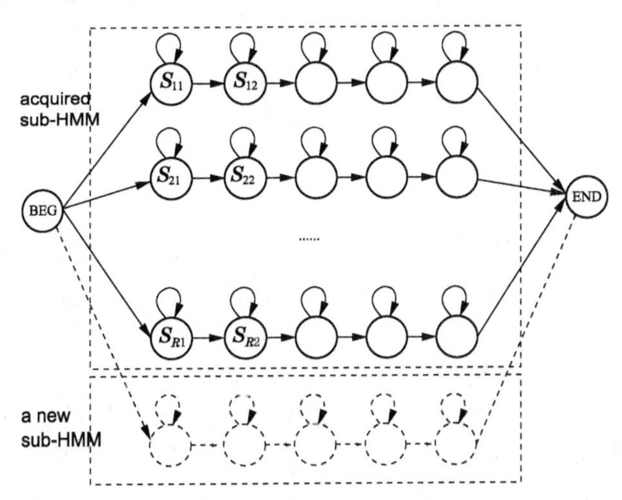

图 7.1　通过增加子隐马尔可夫模型的增量式词汇习得

首先发现新的语音模式,随后通过一个子隐马尔可夫模型进行建模,并作为一个新的分支加入到整体的隐马尔可夫模型。

$$\boldsymbol{V} \approx [\boldsymbol{W}^{(\text{old})} \boldsymbol{W}^{(\text{new})}] \begin{bmatrix} \boldsymbol{H}^{(\text{old})} \\ \boldsymbol{H}^{(\text{new})} \end{bmatrix} \tag{7.1}$$

新单词的表示形式是观测符号的共现形式(如前几章中的高斯分布)。NMTF随后被用于为 $\boldsymbol{W}^{(\text{new})}$ 的每一列习得子 HMM,然后将习得的子 HMM 添加到完整的 HMM 中,如图 7.1 所示。NMF、NMTF 和 HMM 的替代训练可以用来改进新包含的子 HMM。

上述增量过程的有监督版本可以用来确定是否需要增加新的子隐马尔可夫模型,即:

$$\begin{bmatrix} \boldsymbol{G} \\ \boldsymbol{V} \end{bmatrix} \approx \begin{bmatrix} \boldsymbol{Q}^{(\text{old})} & \boldsymbol{H}^{(\text{new})} \\ \boldsymbol{W}^{(\text{old})} & \boldsymbol{W}^{(\text{new})} \end{bmatrix} \begin{bmatrix} \boldsymbol{H}^{(\text{old})} \\ \boldsymbol{H}^{(\text{new})} \end{bmatrix} \tag{7.2}$$

其中,$\boldsymbol{G}$ 是新输入数据的基础矩阵,$\boldsymbol{Q}^{(\text{old})}$ 和 $\boldsymbol{Q}^{(\text{new})}$ 是(旧的和新的)子 HMM 模型与基础真实标签之间的映射矩阵。在增量学习过程中,分别更新 $\boldsymbol{Q}^{(\text{new})}$、$\boldsymbol{W}^{(\text{old})}$、$\boldsymbol{W}^{(\text{new})}$ 和 $\boldsymbol{H}^{(\text{old})}$。新的子 HMM 的数量为 $\boldsymbol{Q}^{(\text{new})}$ 或 $\boldsymbol{W}^{(\text{new})}$ 的列数,这是由基础关联矩阵 $\boldsymbol{G}$ 决定的。因此,要使这个模型工作,系统必须处理基础关联信息(即 $\boldsymbol{G}$ 的估值)的不确定性,并能够判断一个声学模式是新的,即未知的,还是已经表示的。

由于词汇量庞大,NMF 的计算以及 $\boldsymbol{W}^{(\text{old})}$ 和 $\boldsymbol{W}^{(\text{new})}$ 的存储将具有较高的计算复杂度,有必要对 $\boldsymbol{W}^{(\text{old})}$ 和 $\boldsymbol{W}^{(\text{new})}$ 通过非负矩阵三因子分解进行低秩压缩存储。在求解方程(7.1)时应考虑词的稀疏激活,通常在一条语音中只有几个词可以被激活,因此在求解方程(7.1)时我们只需要考虑相关的词。对于一个用于习得单词的小但信息丰富的数据矩阵 $\boldsymbol{V}$,可以使用字典集外词检测技术来检测和训练含有未知单词的语音片段。

7.2.2 分层隐马尔可夫模型

受自动语音识别中深度学习成功的启发[77,127],我们可以构建如图 7.2 所示的具有多层结构的分层隐马尔可夫模型。无监督学习算法对于分层系统的初始化非常有用。

底层是来自高斯混合模型(GMM)的一组高斯分布,并且第一层包含隐状态,即高斯分布的线性组合。这两层可以通过第 6 章介绍的(半)连续密度隐马尔可夫模型的无监督训练进行初始化。对于高于层 1 的层,层 h 中的隐状态是层 $h-1$ 中的隐状态与权重 $Pr\left(S_{k^{[h-1]}}^{[h-1]} \middle| S_{k^{[h]}}^{[h]}\right)$ 的线性组合,其中 $k^{[h-1]}$ 和 $k^{[h]}$ 分别是层 $h-1$ 和层 h 的状态索引。如第 6 章所述,权重可以通过层 h 与层 $h-1$ 之间对基于相对熵的隐马尔可夫模型进行无监督训练来习得。这是因为相对熵适合用于比较后验图中的多项分布和隐状态的发射概率。对于状态 $S_{k^{[h]}}^{[h]}$,帧 $\boldsymbol{O}_t$ 上的观测概率可以通过下式计算:

$$Pr\left(\mathbf{O}_t \middle| S^{[h]}_{k^{[h]}}\right) = \sum_{m=1}^{M} Pr(\mathbf{O}_t \mid \mathcal{G}_m) \sum\nolimits_{k^{[1]}} Pr\left(\mathcal{G}_m \middle| S^{[1]}_{k^{[1]}}\right) \sum_{h'=2}^{h-1} \sum\nolimits_{k^{[h']}} Pr\left(S^{[h'-1]}_{k^{[h'-1]}} \middle| S^{[h']}_{k^{[h']}}\right) Pr\left(S^{[h-1]}_{k^{[h-1]}} \middle| S^{[h]}_{k^{[h]}}\right) \tag{7.3}$$

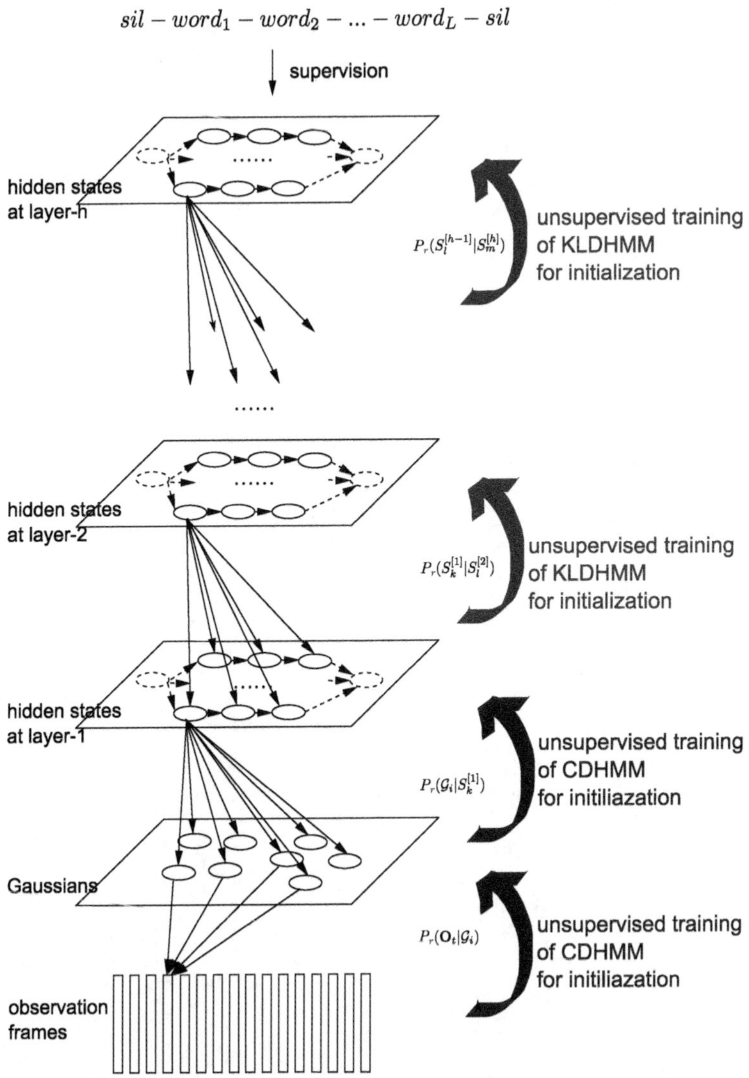

图 7.2　语音识别的分层隐马尔可夫模型

该模型具有多层隐状态。CDHMM 和 KLDHMM 可以用于初始化底层。监督仅适用于经过转录数据训练的顶层。

其中,M 是底层中高斯分布的数量,h 是具有隐状态的层数。在这个框架中,当在

高于层 h' 的层上训练隐马尔可夫模型时，不会使用层 h' 的隐状态之间的转换，这使得其计算复杂度低于文献[32]中提出的分层隐马尔可夫模型。

综上所述，本书所提出的方法将能够作为序列数据分析研究的一般工具。这些方法也可以应用于大词汇量的习得，同时还可以针对语音的分层表达进行完善，作为自动语音识别的新声学模型。

附录 A　L1GNMF 中压缩映射的收敛性证明

令 $\alpha_i = 2\lambda \boldsymbol{D}_{ii}, \gamma_i = \boldsymbol{B}_{ik} + 2\lambda \boldsymbol{E}_{ik}$，为了证明式(4.16) 是(4.13) 的解，我们只需证明(A.3) 是(A.1) 的解即可。

$$\alpha_i x_i^2 + \left[\sum_s (\gamma_s - \alpha_s x_s^2)\right] x_i - \gamma_i = 0 \tag{A.1}$$

式(A.1) 所述方程可通过式(A.2) 来迭代求解：

$$\alpha_i (x_i^{(n+1)})^2 + \left\{\sum_s [\gamma_s - \alpha_s (x_s^{(n)})^2]\right\} x_i^{(n-1)} - \gamma_i = 0 \tag{A.2}$$

因此，给定 x_i 的第 n 次迭代结果 $x_i^{(n)}$，二次方程(A.2) 的正根即为更新后的解 $x_i^{(n+1)}$，其中 $\beta^{(n)} = \sum_s [\gamma_s - \alpha_s (x_s^{(n)})^2]$：

$$x_i^{(n+1)} = \frac{-\beta^{(n)} + \sqrt{(\beta^{(n)})^2 + 4\alpha_i \gamma_i}}{2\alpha_i} \tag{A.3}$$

如下 4 条引理是等价的：

引理 1：$\{x_i^{(n)}\}$ 收敛.

引理 2：$\lim_{n\to\infty} x_i^{(n)}$ 为方程(A.1) 的解.

引理 3：$\lim_{n\to\infty} \sum_i x_i^{(n)} = \sum_s x_s = 1$.

引理 4：$\{\beta^{(n)}\}$ 收敛.

通过计算式(A.2) 的极限，可以证明在引理 1 成立的前提下，引理 2 成立。对式(A.1) 中所有的方程关于下标 i 求和，可得 $\sum_s x_s = 1$。因此，可证明在引理 2 成立的前提下，引理 3 成立。对式(A.2) 中所有的方程关于下标 i 求和，考虑到 $\beta^{(n)}$ 的定义，可得 $\beta^{(n+1)}$ 和 $\beta^{(n)}$ 之间的关系如下：

$$\beta^{(n+1)} = \beta^{(n)} \sum_s x_s^{(n+1)} \tag{A.4}$$

因此，在引理 3 成立的前提下，引理 4 成立。从式(A.3) 容易得到，在引理 4 成立的前提下，引理 1 成立。至此，我们证明了上述 4 条引理的等价性。任意一条引理成立，都意味着所有引理都成立。

引理 5：$\{\beta^{(n)}\}$ 是一个单调序列。

从方程(A. 3) 可得

$$x_i^{(n+1)} - x_i^{(n)} = -\frac{1}{2\alpha_i}\left[1 - \frac{\beta^{(n)} + \beta^{(n-1)}}{\sqrt{(\beta^{(n)})^2 + 4\alpha_i\gamma_i} + \sqrt{(\beta^{(n-1)})^2 + 4\alpha_i\gamma_i}}\right](\beta^{(n)} - \beta^{(n-1)}) \tag{A. 5}$$

这意味着$(x_i^{(n+1)} - x_i^{(n)})(\beta^{(n)} - \beta^{(n-1)}) \leqslant 0$，两个相邻 $\beta^{(n)}$ 的差可以表示为

$$\beta^{(n+1)} - \beta^{(n)} = \sum_s \alpha_s (x_i^{(n)} + x_i^{(n+1)})(x_i^{(n)} - x_i^{(n+1)}) \tag{A. 6}$$

利用性质$(x_i^{(n+1)} - x_i^{(n)})(\beta^{(n)} - \beta^{(n-1)}) \leqslant 0$，可以证明$(\beta^{(n+1)} - \beta^{(n)})(\beta^{(n)} - \beta^{(n-1)}) \geqslant 0$。因此引理 5 成立。

对式(A. 5) 中所有的方程关于下标 i 求和，可以发现 $\beta^{(n)}$ 的变化趋势和 $\sum_s x_s^{(n)}$ 的变化趋势相反，即：

$$\left(\sum_s x_s^{(n+1)} \sum_s x_s^{(n)}\right)(\beta^{(n)} - \beta^{(n-1)}) \leqslant 0 \tag{A. 7}$$

此外，$\beta^{(n)}$ 的符号在式(A. 4) 的迭代过程中不发生变化。因此，我们分 4 种情况讨论解的收敛性。

情况 1：$\beta^{(n)}\{\geqslant 0, \uparrow(\text{递增})\}$。

考虑到 $\sum_s x_s^{(n+1)} = \frac{\beta^{(n+1)}}{\beta^{(n)}} \geqslant 1$ 和 $\sum_s x_s^{(n+1)} \leqslant \sum_s x_s^{(n)}$，可推出$\left\{\sum_s x_s^{(n)}\right\}$收敛到常数 $\eta \geqslant 1$。假设 η 严格大于 1，$\beta^{(n)}$ 将趋于正无穷，这与 $\beta^{(n)} \leqslant \sum_s \gamma_s$ 的有界性相矛盾。所以，$\lim_{n\to\infty}\sum_n x_n = \eta = 1$。引理 2 得证。

情况 2：$\beta^{(n)}\{\geqslant 0, \downarrow\}$。

$\{\beta^{(n)}\}$ 收敛，引理 4 得证。

情况 3：$\beta^{(n)}\{\leqslant 0, \uparrow\}$

$\{\beta^{(n)}\}$ 收敛，引理 4 得证。

情况 4：$\beta^{(n)}\{\leqslant 0, \downarrow\}$

考虑到 $\sum_s x_s^{(n+1)} = \frac{\beta^{(n+1)}}{\beta^{(n)}} \geqslant 1$ 和 $\beta^{(n)} \leqslant 0$，式(A. 7) 意味着 $\sum_s x_s^{(n+1)} \geqslant \sum_s x_s^{(n)}$。在此情形下，如果对于某些 n，$\sum_s x_s^{(n)} > 1$，$\beta^{(n)}$ 将发散。为此，引入额外的保证 $\sum_s x_s^{(n)}$ 成立的归一化步骤，将情况 4 转化为情况 1、情况 2 或情况 3，接着执行不用上述归一化的迭代步骤。

定义 $\tilde{x}_i^{(n)} = \frac{x_i^{(n)}}{\sum_s x_s^{(n)}}$，$\tilde{\beta}^{(n)} = \sum_s \gamma_s - \alpha_s(\tilde{x}_s^{(n)})^2$，欲求解的方程可以转化为

$$\alpha_i(x_i^{(n+1)})^2+\tilde{\beta}^{(n)}x_i^{(n+1)}-\gamma_i=0 \tag{A. 8}$$

该方程的解为 $x_i^{(n+1)}=\dfrac{-\tilde{\beta}^{(n)}+\sqrt{(\tilde{\beta}^{(n)})^2+4\alpha_i\gamma_i}}{2\alpha_i}$。通过将式(A. 8)中的所有方程关于下标 i 求和,可得 $\beta^{(n+1)}(=\sum\limits_s(\gamma_s-\alpha_s(x_s^{(n+1)})^2))$ 和 $\tilde{\beta}^{(n)}$ 之间的关系如下:

$$\beta^{(n+1)}=\tilde{\beta}^{(n)}\sum_s x_s^{(n+1)} \tag{A. 9}$$

这意味着 $\tilde{x}_i^{(n+1)}=x_i^{(n+1)}\dfrac{\tilde{\beta}^{(n)}}{\beta^{(n+1)}}$,两个相邻的 $\tilde{\beta}^{(n)}$ 之间的差异为

$$\begin{aligned}
\tilde{\beta}^{(n+1)}-\beta^{(n+1)} &= \sum_s[\gamma_s-\alpha_s(\tilde{x}_s^{(n+1)})^2]-\beta^{(n+1)}\\
&=\sum_s\left[\gamma_s-\alpha_s\left(x_s^{(n+1)}\frac{\tilde{\beta}^{(n)}}{\beta^{(n+1)}}\right)^2\right]-\beta^{(n+1)}\\
&=\sum_s[\gamma_s-\alpha_s(x_s^{(n+1)})^2]-\beta^{(n+1)}+\sum_s\alpha_s(x_s^{(n+1)})^2\left[1-\left(\frac{\tilde{\beta}^{(n)}}{\beta^{(n+1)}}\right)^2\right]\\
&=-\left[\sum_s\alpha_s(x_s^{(n+1)})^2\right]\frac{\beta^{(n+1)}+\tilde{\beta}^{(n)}}{(\beta^{(n+1)})^2}(\tilde{\beta}^{(n)}-\beta^{(n+1)})\\
&=\left(1-\frac{\sum\limits_s\gamma_s}{\beta^{(n+1)}}\right)\left(1+\frac{\tilde{\beta}^{(n)}}{\beta^{(n+1)}}\right)(\tilde{\beta}^{(n)}-\beta^{(n+1)})
\end{aligned} \tag{A. 10}$$

因为 $x_s^{(n+1)}$ 非负,从式(A. 9)可知 $1+\dfrac{\tilde{\beta}^{(n)}}{\beta^{(n+1)}}\geqslant 1$。根据情况 4 的定义,对于某些 n,$\tilde{\beta}^{(n)}\leqslant 0$ 且 $\beta^{(n+1)}\leqslant\tilde{\beta}^{(n)}\leqslant 0$,$\tilde{\beta}^{(0)}=\beta^{(0)}\leqslant 0$。如果 $\beta^{(n+1)}\leqslant\tilde{\beta}^{(n)}\leqslant 0$ 不成立,情况 4 不能转化为前述不需要额外归一化步骤的三种情况中的任一种,那么 $1-\dfrac{\sum\limits_s\gamma_s}{\beta^{(n+1)}}\geqslant 1$ 和 $\tilde{\beta}^{(n)}-\beta^{(n+1)}\geqslant 0$ 成立。在情况 4 的假设下,对式(A. 10)做进一步的推导,可得 $\tilde{\beta}^{(n+1)}-\beta^{(n+1)}$ 和 $\tilde{\beta}^{(n)}-\beta^{(n+1)}$ 的一个简单关系如下:

$$\tilde{\beta}^{(n+1)}-\beta^{(n+1)}=\left(1-\frac{\sum\limits_s\gamma_s}{\beta^{(n+1)}}\right)\left(1+\frac{\tilde{\beta}^{(n)}}{\beta^{(n+1)}}\right)(\tilde{\beta}^{(n)}-\beta^{(n+1)})\geqslant\tilde{\beta}^{(n)}-\beta^{(n+1)} \tag{A. 11}$$

因此,$\tilde{\beta}^{(n+1)}\geqslant\tilde{\beta}^{(n)}$。所以通过将 $\{\beta^{(n)}\}$ 转换为 $\{\tilde{\beta}^{(n)}\}$,对 $\{x_i^{(n)}\}$ 的归一化实际上已经将情况 4 转化为情况 3($\tilde{\beta}^{(n)}\leqslant 0,\forall n$),或情况 1 和 2($\tilde{\beta}^{(n')}\geqslant 0,\exists n'$).

至此,我们证明了在上述所有情况下,采用 L1GNMF 算法都可以保证迭代的收敛性。

附录 B　张量符号及操作

考虑含有 3 个维度切片的 3 维张量。每一维度在此处也被称为模式(mode)。模式 1、模式 2 和模式 3 的 slice 和 tube 表示方法如图 B. 1(a),张量和矩阵的乘法操作如图 B. 1(b).

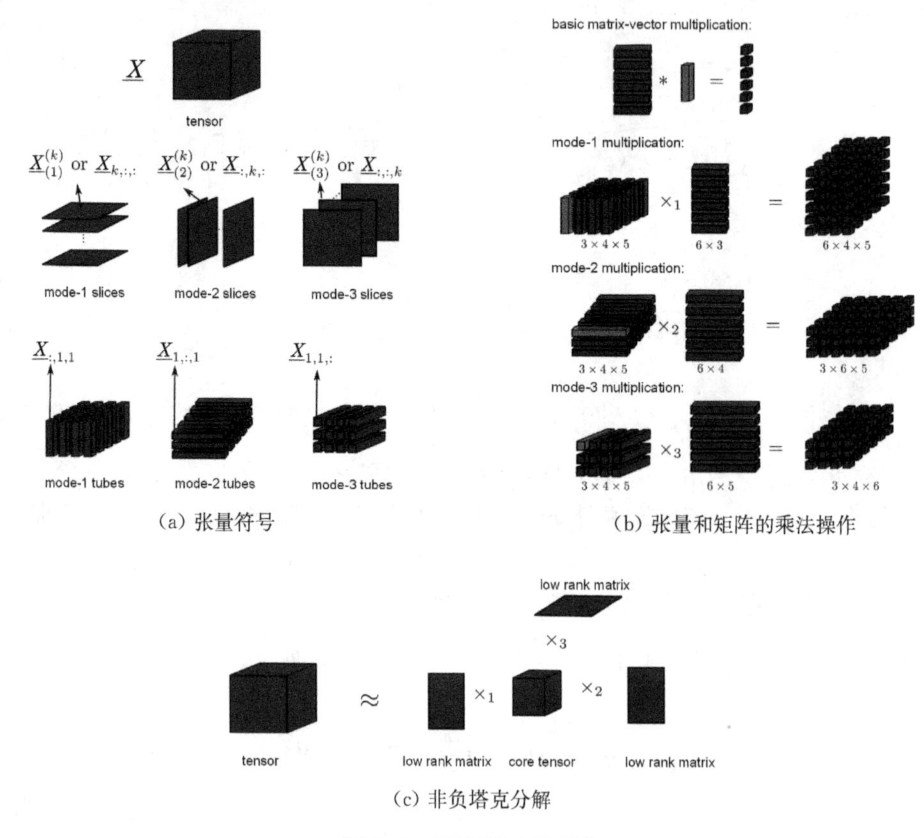

(a) 张量符号

(b) 张量和矩阵的乘法操作

(c) 非负塔克分解

图 **B. 1**　张量符号及操作

附录 C　对称 NMTF 算法的推导

本节推导出用于求解 $\boldsymbol{Z} \approx \boldsymbol{XYX}^{\mathrm{T}}$ 的算法。为了得到联合概率分布 $\boldsymbol{Z}$(其中 $\sum_{i,j} Z_{i,j} = 1$) 的三因子分解,所选代价函数为在归一化约束 $\sum_i X_{i,k} = 1$ 且 $\sum_{k,k'} Y_{k,k'} = 1$ 下 $\boldsymbol{Z}$ 与 $\boldsymbol{XYX}^{\mathrm{T}}$ 之间的相对熵:

$$\mathcal{F}(\boldsymbol{X},\boldsymbol{Y}) = \sum_{i,j} Z_{i,j} \log \frac{Z_{i,k}}{(XYX^{\mathrm{T}})_{i,j}} \tag{C. 1}$$

为了推导 $\boldsymbol{X}$ 的更新算法,在固定 $\boldsymbol{Y}$ 的条件下,首先设计关于 $\boldsymbol{X}$ 的辅助函数 $\mathcal{A}(\boldsymbol{X},\boldsymbol{X}^t)$,该函数需满足如下条件:

$$\mathcal{A}(\boldsymbol{X},\boldsymbol{X}^t) \geqslant \mathcal{F}(\boldsymbol{X}), \quad \mathcal{A}(\boldsymbol{X}^t,\boldsymbol{X}^t) = \mathcal{F}(\boldsymbol{X}^t) \tag{C. 2}$$

其中,$\boldsymbol{X}^t$ 是上一次迭代所得的中间结果。考虑到 $-\log(\cdot)$ 的凸性,容易证明如下所示的凸函数$\mathcal{A}(\boldsymbol{X},\boldsymbol{X}^t)$ 是的$\mathcal{F}(\boldsymbol{X})$ 辅助函数:

$$\mathcal{A}(\boldsymbol{X},\boldsymbol{X}^t) =$$

$$\sum_{i,j}\left\{Z_{i,j}\log Z_{i,j} - \sum_{k,l} Z_{i,j} \frac{X^t_{i,k}Y_{k,l}X^t_{j,l}}{(X^tY(X^t)^{\mathrm{T}})_{i,j}}\left[\log(X_{i,k}Y_{k,l}X_{j,l}) - \log\frac{X^t_{i,k}Y_{k,l}X^t_{j,l}}{(X^tY(X^t)^{\mathrm{T}})_{i,j}}\right]\right\} \tag{C. 3}$$

所以关于 $\boldsymbol{X}$ 的优化问题转化为

$$\begin{aligned} \min_{\boldsymbol{X}} \quad & \mathcal{A}(\boldsymbol{X},\boldsymbol{X}^t) \\ \text{s. t.} \quad & \sum_i X_{i,k} = 1 \end{aligned} \tag{C. 4}$$

通过引入拉格朗日乘子$\lambda_k\left(\sum_i X_{i,k} - 1\right)$,优化问题被转化为求解$\frac{\partial\,\mathcal{A}(\boldsymbol{X},\boldsymbol{X}^t)}{\partial X_{i',k'}} + \lambda_k = 0$:

$$\begin{aligned} & X^t_{i',k'} \sum_{i,k} \frac{Z_{i,i'}}{(\boldsymbol{X}^t\boldsymbol{Y}(\boldsymbol{X}^t)^{\mathrm{T}})_{i,i'}} X^t_{i,k} Y_{k,k'} + \frac{Z_{i',i}}{(\boldsymbol{X}^t\boldsymbol{Y}(\boldsymbol{X}^t)^{\mathrm{T}})_{i',i}} Y_{k',k} X^t_{i,k} + \lambda_k X_{i',k'} = 0 \\ & \text{s. t.} \sum_{i'} X_{i',k'} = 1 \end{aligned} \tag{C. 5}$$

通过将各方程关于 i' 求和，得到

$$\lambda_k = -\sum_{i,i',k} \frac{Z_{i,i'}}{(X^t Y (X^t)^{\mathrm{T}})_{i,i'}} X^t_{i,k} Y_{k,k'} + \frac{Z_{i',i}}{(X^t Y (X^t)^{\mathrm{T}})_{i',i}} Y_{k',k} X^t_{i,k} \tag{C.6}$$

所以最终 $X_{i',i}$ 的更新为

$$X_{i',k'} = X^t_{i',k'} \frac{\sum_{i,k} \frac{Z_{i,i'}}{(X^t Y (X^t)^{\mathrm{T}})_{i,i'}} X^t_{i,k} Y_{k,k'} + \frac{Z_{i',i}}{(X^t Y (U^t)^{\mathrm{T}})_{i',i}} Y_{k',k} X^t_{i,k}}{\sum_{i,i',k} \frac{Z_{i,i'}}{(X^t Y (X^t)^{\mathrm{T}})_{i,i'}} X^t_{i,k} Y_{jk,k'} X^t_{i',k'} + \frac{Z_{i',i}}{(X^t Y (X^t)^{\mathrm{T}})_{i',i}} Y_{k',k} X^t_{i,k} X^t_{i',k'}} \tag{C.7}$$

通过将 $\boldsymbol{Z} \approx \boldsymbol{XYX}^{\mathrm{T}}$ 转化为 $\mathrm{vec}(\boldsymbol{Z}^{\mathrm{T}}) \approx (\boldsymbol{X} \otimes \boldsymbol{X}) \mathrm{vec}(\boldsymbol{Y}^{\mathrm{T}})$，$Y$ 的更新和传统 NMF 中的一样[65]。其中，vec 是通过列的堆叠将一个矩阵转化为一个向量，$\otimes$ 为克罗内克积。根据 NMF 的特性，$\sum_{\mu} (\boldsymbol{X} \otimes \boldsymbol{X})_{\mu,\gamma} = 1$ 和 $\sum_{\mu} (\mathrm{vec}(\boldsymbol{Z}^{\mathrm{T}}))_{\mu} = \sum_{\kappa} (\mathrm{vec}(\boldsymbol{Y}^{\mathrm{T}}))_{\kappa}$ 成立。$\sum_{\mu} (X \otimes X)_{\mu,\gamma} = 1$ 由 $\sum_{i} X_{i,k} = 1$ 来保证，因此 $\sum_{k,l} Y_{k,l} = \sum_{i,j} Z_{i,j} = 1$。式(C.8)中给出了三因子分解形式的 $\boldsymbol{Y}$ 的更新，其中 $\boldsymbol{Y}^t$ 为前一次迭代的结果：

$$Y_{k,l} = Y^t_{k,l} \sum_{i,i'} \frac{Z_{i,i'}}{(\mathbf{X}^t \mathbf{Y} (\mathbf{X}^t)^{\mathrm{T}})_{i,i'}} X_{i,k} Y_{i',i} \tag{C.8}$$

参 考 文 献

[1] http://en.wikipedia.org/wiki/Language_acquisition#Emergentism.
[2] Aradilla G, Bourlard H, Magimai-Doss M. Using KL-based acoustic models in a large vocabulary recognition task. INTERSPEECH 2008, 928-931.
[3] Ayllon Clemente I, Heckmann M, Wrede B. Incremental word learning: Efficient hmm initialization and large margin discriminative adaptation. Speech Communication, 2012, 54(9): 1029-1048.
[4] Ballard D H, Yu C. A multimodal learning interface for word acquisition. ICASSP 2003: 784-787.
[5] Baum L E, Petrie T, Soules G, Weiss N. A maximization technique occurring in the statistical analysis of probabilistic functions of Markov chains. Ann. Math. Statist, 1970, 41(1):164-171.
[6] Bengio Y. Learning deep architectures for AI. Foundations and Trends in Machine Learning, 2009, 2(1):1-127.
[7] Blei D M, Moreno P J. Topic segmentation with an aspect hidden Markov model. SIGIR, 2001:343-348.
[8] Blei D, Ng A Y, Jordan M I. Latent Dirichlet allocation, Journal of Machine Learning Research, 2003, 3:993-1022.
[9] Bourlard H, Dupont S, Ris C. Multi-stream speech recognition. The Journal for the Integrated Study of Artificial Intelligence, Cognitive Science and Applied Epistemiology, 1998, 15(3):215-234.
[10] Boves L, Den Os E. Acquisition of communication and recognition skills (ACORNS). http://www.acorns-project.org/, 2006-2009.
[11] Boves L, Ten Bosch L, Moore R. Acorns - towards computational modeling of communication and recognition skills. International Conference on Cognitive Informatics, 2007:349-356.
[12] Brandl H, Joublin F, Wrede B, Goerick C. A self-referential childlike model to acquire phones, syllables and words from acoustic speech. The 7th International Conference on Development and Learning, 2008:31-36.

[13] Bridle J, Brown M. A date-adaptive frame rate technique and its use in automatic speech recognition. Institute of Acoustics Autumn Conference, 1982:C2.1 - C2.6.

[14] Cai D. http://www.cad.zju.edu.cn/home/dengcai/data/gnmf.html.

[15] Cai D, He X, Han J, Huang T. Graph regularized nonnegative matrix factorization for data representation. IEEE Transactions on Pattern Analysis and Machine Intelligence, 2011, 33(8):1548 - 1560.

[16] Cano P, Batlle E, Kalker T, Haitsma J. A review of audio fingerprinting. VLSI Signal Processing, 2005, 41(3):271 - 284.

[17] Christoudias C, Urtasun R, Darrell T. Multi-view learning in the presence of view disagreement. The Twenty-Fourth Conference Annual Conference on Uncertainty in Artificial Intelligence, 2008:88 - 96.

[18] Chung F R K. Spectral graph theory. American Mathematical Soc., 1997.

[19] Cichocki A, Zdunek R, Phan A H, Amari S. Nonnegative Matrix and Tensor Factorizations - Applications to Exploratory Multi-way Data Analysis and Blind Source Separation. NJ: Wiley, 2009.

[20] Cooke M, Scharenborg O. The Interspeech 2008 consonant challenge. INTERSPEECH 2008: 1765 - 1768.

[21] Cybenko G, Crespi V. Learning hidden Markov models using non-negative matrix factorization. IEEE Transactions on Information Theory, 2011, 57(6):3963 - 3970.

[22] Yu C, Ballard D H. A multimodal learning interface for grounding spoken language in sensory perceptions. ACM Transactions on Applied Perception: 2004, 1(1):57 - 80.

[23] Ding C, He X, Simon H D. On the equivalence of nonnegative matrix factorization and spectral clustering. SIAM International Conference on Data Mining, 2005: 606 - 610.

[24] Ding C, Li T, Jordan M I. Nonnegative matrix factorization for combinatorial optimization: Spectral clustering, graph matching, and clique finding. SIAM International Conference on Data Mining, 2008: 183 - 192.

[25] Ding C, Li T, Peng W. On the equivalence between non-negative matrix factorization and probabilistic latent semantic indexing. Computational Statistics and Data Analysis, 2008, 52(8):3913 - 3927.

[26] Donoho D L, Stodden V. When does non-negative matrix factorization give

a correct decomposition into parts. NIPS, 2003:1141 - 1148.

[27] Driesen J. Discovering words in speech using matrix factorization. KULeuven, 2012.

[28] Driesen J, Gemmeke J F, Van hamme H. Weakly supervised keyword learning using sparse representations of speech. ICASSP, 2012:5145 - 5148.

[29] Driesen J, Van hamme, H. Modelling vocabulary acquisition, adaptation and generalization in infants using adaptive Bayesian PLSA. Neurocomputing, 2011, 74(11):1874 - 1882.

[30] Driesen J, Van hamme H. Supervised input space scaling for non-negative matrix factorization. Signal Process, 2012, 92(8): 1864 - 1874.

[31] Fevotte C, Cemgil A T. Nonnegative matrix factorizations as probabilistic inference in composite models. EUSIPCO, 2009:1913 - 1917.

[32] Fine S, Singer Y. The hierarchical hidden Markov model: Analysis and applications. Machine Learning, 1998, 32(1): 41 - 62.

[33] Finesso L, Grassi A, Spreij P. Approximation of stationary processes by hidden Markov models. Math. Control Signals Syst., 2010, 22(1):1 - 22.

[34] Frank M C, Goodman N D, Tenenbaum J B. A Bayesian framework for cross-situational word-learning. NIPS, 2007: 457 - 464.

[35] Aimetti G, Bosch L, Moore R K. The emergence of words: Modelling early language acquisition with a dynamic systems perspective. EpiRob, 2009.

[36] Gao S, Tsang I W-H, Chia L-T, Zhao P. Local features are not lonely-Laplacian sparse coding for image classification. CVPR, 2010:3555 - 3561.

[37] Gaussier E, Goutte C. Relation between PLSA and NMF and implications. SIGIR, 2005:601 - 602.

[38] Ghahramani Z. Unsupervised learning. Advanced Lectures on Machine Learning, 2003:72 - 112.

[39] Ghoshal A. Hidden Markov models for automatic annotation and content-based retrieval of images and video. The ACM SIGIR Conference on Research and Development in Information Retrieval, 2005:544 - 551.

[40] Gu Q, Ding C, Han J. On trivial solution and scale transfer problems in graph regularized NMF. The 22nd International Joint Conference on Artificial Intelligence (IJCAI), 2011:1288 - 1293.

[41] Guan N, Tao D, Luo Z, Yuan B. Manifold regularized discriminative nonnegative matrix factorization with fast gradient descent. IEEE Transactions

on Image Processing, 2011, 20(7):2030 - 2248.

[42] Hakkani-Tur D, Tur G, Rahim M, Riccardi G. Unsupervised and active learning in automatic speech recognition for call classification. ICASSP, 2004:429 - 432.

[43] Hannemann M, Kombrink S, Karafiát M, Burget L. Similarity scoring for recognizing repeated out-of-vocabulary words. INTERSPEECH, 2010:897 - 900.

[44] Hant J, Alwan A. A psychoacoustic-masking model to predict the perception of speech-like stimuli in noise. Speech Communication, 2001, 40(3): 291 - 313.

[45] He X, Ogura T, Satou A, Hasegawa O. Developmental word acquisition and grammar learning by humanoid robots through a self-organizing incremental neural network. IEEE Transactions on Systems, Man, and Cybernetics, Part B: Cybernetics, 2007, 37(5):1357 - 1372.

[46] Hinton G E. Learning multiple layers of representation. Trends in Cognitive Sciences, 2007, 11(1): 428 - 434.

[47] Hinton G E, Osindero S, Teh Y-W. A fast learning algorithm for deep belief nets. Neural Comput, 2006, 18(7):1527 - 1554.

[48] Hoffman T. Probabilistic latent semantic analysis. Uncertainty in Artificial Intelligence, 1999.

[49] Hoyer P O, Dayan P. Non-negative matrix factorization with sparseness constraints. Journal of Machine Learning Research, 2004, 5 (1): 1457 - 1469.

[50] Hsu D, Kakade S M, Zhang T. A spectral algorithm for learning hidden Markov models. Journal of Computer and System Sciences, 2011, 78(5): 1460 - 1480.

[51] Hu J, Brown M K, Turin W. HMM based on-line handwriting recognition. IEEE Transactions on Pattern Analysis and Machine Intelligence, 1996, 18 (10):1039 - 1045.

[52] Huang X, Acero A, Hon H-W. Spoken Language Processing: A Guide to Theory, Algorithm, and System Development. 1st ed. NJ: Prentice Hall PTR, 2001.

[53] Huang X, Hon H-W, Lee K F. Large-vocabulary speaker-independent continuous speech recognition with semi-continuous hidden Markov models. The workshop on Speech and Natural Language, 1989:276 - 279.

[54] Iwahashi N. Robots that learn language: Developmental approach to human-machine conversations. Symbol Grounding and Beyond: Proceedings of the Third International Workshop on the Emergence and Evolution of Linguistic Communication, 2006:143 - 167.

[55] Jansen A, Church K. Towards unsupervised training of speaker independent acoustic models. INTERSPEECH, 2011:1693 - 1692.

[56] Jansen A, Church K, Hermansky H. Towards spoken term discovery at scale with zero resources. INTERSPEECH, 2010:1676 - 1679.

[57] Jusczyk P W. How infants begin to extract words from speech. Trends in Cognitive Sciences, 1999, 3:323 - 328.

[58] Kemp T, Waibel A. Unsupervised training of a speech recognizer using TV broadcasts. ICSLP, 1998: 2207 - 2210.

[59] Lee K F, Hon H-W. Large-vocabulary speaker-independent continuous speech recognition using HMM. ICASSP, 1988:123 - 126.

[60] Kharbe A. English Language and Literary Criticism. Delhi: Discovery Publishing House, 2009.

[61] Kimball O, Kao C-L, Iyer R, Arvizo T, Makhoul J. Using quick transcriptions to improve conversational speech models. INTERSPEECH, 2004: 2265 - 2268.

[62] Lakshminarayanan B, Raich R. Non-negative matrix factorization for parameter estimation in hidden Markov models. IEEE International Workshop on Machine Learning for Signal Processing (MLSP) , 2010:89 - 94.

[63] Lazebnik S, Schmid C, Ponce J. Beyond bags of features: Spatial pyramid matching for recognizing natural scene categories. CVPR, 2006:2169 - 2178.

[64] Lee D D, Seung H S. Learning the parts of objects by nonnegative matrix factorization. Nature, 1999, 401:788 - 791.

[65] Lee D D, Seung H S. Algorithms for non-negative matrix factorization. NIPS, 2000:556 - 562.

[66] Li S Z, Hou X W, Zhang H J, Cheng Q S. Learning spatially localized, parts-based representation. CVPR, 2001:207 - 212.

[67] Lin C-J. Projected gradient methods for nonnegative matrix factorization. Neural Computation, 2007, 19(10):2756 - 2779.

[68] Lowe D. Object recognition from local scale-invariant features. ICCV, 1999:1150 - 1157.

[69] MacWhinney B. The Emergence of Language. Lawrence Erlbaum Associates, 1999.

[70] Markov K, Nakamura S. Never-ending learning with dynamic hidden Markov network. INTERSPEECH, 2007:1437 - 1440.

[71] Matsoukas S, Gauvain J-L, Adda G, et. al. Advances in transcription of broadcast news and conversational telephone speech within the combined ears BBN/LIMSI system. IEEE Transactions on Audio, Speech, and Language Processing, 2006, 14(5):1541 - 1556.

[72] Mavridis N, Roy D. Grounded situation models for robots: where words and percepts meet. IROS 2006: 4690 - 4697.

[73] Le Cerf P, Van Compernolle D. A new variable frame rate analysis method for speech recognition. IEEE Signal Processing Letters, 1994, 1(1):185 - 187.

[74] Van Gerven M, Cseke B, Oostenveld R, Heskes T. Bayesian source localization with the multivariate Laplace prior. NIPS, 2009: 1901 - 1909.

[75] Van hamme H. Integration of asynchronous knowledge sources in a novel speech recognition framework. ITRW on Speech Analysis and Processing for Knowledge Discovery, 2008:1 - 10.

[76] Van Segbroeck M, Van hamme H. Unsupervised learning of time-frequency patches as a noise-robust representation of speech. Speech Communication, 2009, 51(11): 1124 - 1138.

[77] Mohamed A-R, Dahl G E, Hinton G E. Acoustic modeling using deep belief networks, IEEE Transactions on Audio, Speech and Language Processing, 2012, 20(1):14 - 22.

[78] Mohri M, Pereira F, Riley M. Weighted finite-state transducers in speech recognition. Computer Speech and Language, 2002, 16(1):69 - 88.

[79] MØrup M, Hansen L K, Arnfred S M. Algorithms for sparse non-negative Tucker. Neural Computation, 2008, 20(1):2112 - 2131.

[80] Mysore G J, Smaragdis P, Raj B. Non-negative hidden Markov modeling of audio with application to source separation. LVA/ICA, 2010:140 - 148.

[81] Ngiam J, Chen Z, Koh P, Ng A Y. Learning deep energy models. ICML, 2011:1105 - 1112.

[82] Parada C, Sethy A, Dredze M, Jelinek F. A spoken term detection framework for recovering out-of-vocabulary words using the web. INTERSPEECH, 2010:1269 - 1272.

[83] Park A S, Glass J R. Unsupervised pattern discovery in speech. IEEE Transactions on Audio, Speech and Language Processing, 2008, 16(1):186 - 197.

[84] Paul D B. Training of hmm recognizers by simulated annealing. ICASSP, 1985:13 - 16.

[85] Pedersen J S, Hein J. Gene finding with a hidden Markov model of genome structure and evolution. Bioinformatics, 2003, 19(2):219 - 227.

[86] Poeppel D, Idsardi W J, Van Wassenhove V. Speech perception at the interface of neurobiology and linguistics. Philosophical Transactions of the Royal Society B: Biological Sciences, 2008, 363(1):1071 - 1086.

[87] Rabiner L R. A tutorial on hidden Markov models and selected applications in speech recognition. Proceedings of the IEEE, 1989, 77(2):257 - 286.

[88] Roweis S. http://cs. nyu. edu/~roweis/code. html, 1999.

[89] Roy D. Grounded spoken language acquisition: Experiments in word learning. IEEE Transactions on Multimedia, 2003, 5(2):197 - 209.

[90] Saffran J, Werker J, Werner L. The infant's auditory world: Hearing, speech and the beginnings of language. Handbook of Child Psychology, 2006, 2(1): 55 - 108.

[91] Sakoe H, Chiba S. Dynamic programming algorithm optimization for spoken word recognition. IEEE Transactions on Acoustics, Speech and Signal Processing, 1978, 26(1): 43 - 49.

[92] Salvi G, Montesano L, Bernardino A, Santos-Victor J. Language bootstrapping: learning word meanings from perception-action association. IEEE Transactions on Systems, Man, and Cybernetics, Part B: Cybernetics, 2012, 42(3):660 - 671.

[93] Scharenborg O, Cooke M. Comparing human and machine recognition performance on a VCV corpus. The workshop on Speech Analysis and Processing for Knowledge Discovery, 2008.

[94] Shashanka M, Raj B, Smaragdis P. Probabilistic latent variable models as non-negative factorizations. Computational Intelligence and Neuroscience, 2008, 8:1 - 8.

[95] Siu M-H, Gish H, Lowe S, Chan A. Unsupervised audio patterns discovery using hmm-based self-organized units. INTERSPEECH, 2011: 2333 - 2336.

[96] Smaragdis P, Shashanka M V S, Raj B, Mysore G J. Probabilistic factoriza-

tion of non-negative data with entropic co-occurrence constraints. ICA, 2009:330 - 337.

[97] Song L, Siddiqi S M, Gordon G J, Smola A J. Hilbert space embeddings of hidden Markov models. ICML, 2010:991 - 998.

[98] Stouten V, Demuynck K, Van hamme H. Discovering phone patterns in spoken utterances by non-negative matrix factorization. IEEE Signal Processing Letters, 2008, 15(1):131 - 134.

[99] Sun M, Van hamme H. Coding methods for the nmf approach to speech recognition and vocabulary acquisition. IMCIC, 2011.

[100] Sun M, Van hamme H. Consonant recognition and articulatory feature classification from signal analysis at multiple time scales. IMCIC, 2011.

[101] Sun M, Van hamme H. Image pattern discovery by using the spatial closeness of visual code words. ICIP, 2011:205 - 208.

[102] Sun M, Van hamme H. A two-layer non-negative matrix factorization model for vocabulary discovery. Symposium on Machine Learning in Speech and Language Processing, 2011.

[103] Sun M, Van hamme H. Unsupervised vocabulary discovery using non-negative matrix factorization with graph regularization. ICASSP, 2011:5152 - 5155.

[104] Sun M, Van hamme H. Joint training of non-negative tucker decomposition and discrete density hidden Markov models. Computer Speech and Language, 2013, 27(4): 969 - 988.

[105] Sun M, Van hamme H. Large scale graph regularized nonnegative matrix factorization with $\ell 1$ normalization based on kullback leibler divergence. IEEE Transactions on Signal Processing, 2012, 60(7):3876 - 3880.

[106] Sun M, Van hamme H. Tri-factorization learning of sub-word units with application to vocabulary acquisition. ICASSP, 2012:5177 - 5180.

[107] Sundaram S, Bellegarda J R. Latent perceptual mapping: a new acoustic modeling framework for speech recognition. INTERSPEECH, 2010:881 - 884.

[108] ten Bosch L, Van hamme H, Boves L. A computational model of language acquisition: focus on word discovery. INTERSPEECH, 2008:2570 - 2573.

[109] Thambiratnam K, Sridharan S. Rapid yet accurate speech indexing using dynamic match lattice spotting. IEEE Transactions on Audio, Speech and

Language Processing, 2007, 15(1):346 - 357.

[110] Tjoa S K, Liu K J R. Multiplicative update rules for nonnegative matrix factorization with co-occurrence constraints. ICASSP, 2010:449 - 452.

[111] Tuytelaars T, Lampert C H, Blaschko M B, Buntine W. Unsupervised object discovery: A comparison. International Journal of Computer Vision, 2010, 88(2):284 - 302.

[112] Vallabha G, McClelland J, Pons F, Werker J, Amano S. Unsupervised learning of vowel categories from infant directed speech. Proceedings of the National Academy of Sciences, 2007, 104(33):13273 - 13278.

[113] Van hamme H. Hac-models: a novel approach to continuous speech recognition. INTERSPEECH, 2008:2554 - 2557.

[114] Vanluyten B, Willems J, Moor B D. Structured nonnegative matrix factorization with applications to hidden Markov realization and clustering. Linear Algebra and Its Applications, 2008, 429(1):1409 - 1424.

[115] Varadarajan B, Khudanpur S, Dupoux E. Unsupervised learning of acoustic sub-word units. ACL, 2008:165 - 168.

[116] Vedaldi A, Fulkerson B. VLFeat: An open and portable library of computer vision algorithms. http://www.vlfeat.org/, 2008.

[117] Virtanen T. Monaural sound source separation by nonnegative matrix factorization with temporal continuity and sparseness criteria. IEEE Transactions on Audio, Speech and Language Processing, 2007, 15(3): 1066 - 1074.

[118] Viterbi A. Error bounds for convolutional codes and an asymptotically optimum decoding algorithm. IEEE Transactions on Information Theory, 1967, 13(2):260 - 269.

[119] Wallach H M. Topic modeling: beyond bag-of-words. NIPS Workshop on Bayesian Methods for Natural Language Processing, 2005.

[120] Wang C, Song Z, Yan S, Zhang L, Zhang H. Multiplicative nonnegative graph embedding. CVPR, 2009:389 - 396.

[121] Wang X, Grimson E. Spatial latent Dirichlet allocation. NIPS, 2007: 1577 - 1584.

[122] Yang J, Yan S, Fu Y, Li X, Huang T. Non-negative graph embedding. CVPR, 2008:1 - 8.

[123] Yang Z, Oja E. Quadratic non-negative matrix factorization. Pattern Rec-

ognition, 2012, 45(4):1500 - 1510.

[124] Yoo J, Choi S. Probabilistic matrix tri-factorization. ICASSP, 2009:1553 - 1556.

[125] Young S J, Kershaw D, Odell J, Ollason D, Valtchev V, Woodland P. The HTK Book. Cambridge: Cambridge University Press, 2006.

[126] Yu C, Ballard D H. A multimodal learning interface for grounding spoken language in sensory perceptions. ACM Transactions on Applied Perception, 2004, 1(1):57 - 80.

[127] Yu D, Deng L. Deep-structured hidden conditional random fields for phonetic recognition. INTERSPEECH, 2010:2986 - 2989.

[128] Zhang T, Fang B, Tang Y Y, He G, Wen J. Topology preserving non-negative matrix factorization for face recognition. IEEE Transactions on Image Processing, 2008, 17(4):574 - 584.

[129] Zhang Y, Glass J. Towards multi-speaker unsupervised speech pattern discovery. ICASSP, 2010:4366 - 4369.

[130] Zhuang X, Huang J T, Hasegawa-Johnson M. Speech retrieval in unknown languages: a pilot study. In Proceedings of the Third International Workshop on Cross Lingual Information Access: Addressing the Information Need of Multilingual Societies, 2009:3 - 11.